Projeto Ápis

ROGÉRIO G. NIGRO

Doutor em Ensino de Ciências e Matemática pela Faculdade de Educação da Universidade de São Paulo (USP).
Mestre em Biologia pelo Instituto de Biociências da USP.
Pesquisador em ensino e aprendizagem de Ciências.
Ex-professor dos Ensinos Fundamental e Médio na rede particular.
Assessor de escolas dos Ensinos Fundamental e Médio na rede particular.

CIÊNCIAS

5º ANO

Ensino Fundamental

editora ática

editora ática

Presidência: Mario Ghio Júnior

Direção de soluções educacionais: Camila Montero Vaz Cardoso

Direção editorial: Lidiane Vivaldini Olo

Gerência editorial: Viviane Carpegiani

Gestão de área: Tatiany Renó

Edição: Luciana Nicoleti (coord.), Ana Carolina Suzuki Dias Cintra e Laura Alves de Paula

Planejamento e controle de produção: Flávio Matuguma, Juliana Batista, Felipe Nogueira e Juliana Gonçalves

Revisão: Kátia Scaff Marques (coord.), Brenda T. M. Morais, Claudia Virgilio, Daniela Lima, Malvina Tomáz e Ricardo Miyake

Arte: André Gomes Vitale (ger.), Catherine Saori Ishihara (coord.), Fernando Afonso do Carmo (edição de arte)

Iconografia e tratamento de imagem: Claudia Bertolazzi e Denise Durand Kremer (coord.), Paula Dias (pesquisa iconográfica), Fernanda Crevin (tratamento de imagens)

Licenciamento de conteúdos de terceiros: Roberta Bento (gerente), Jenis Oh (coord.), Liliane Rodrigues, Flávia Zambon e Raísa Maris Reina (analistas de licenciamento)

Ilustrações: Beatriz Mayumi, Cláudio Chiyo, Giz de Cera, Hagaquezart Estúdio, Ideário Lab, Paulo Manzi, Quanta Estúdio, Tiago Leme

Design: Talita Guedes da Silva (proj. gráfico e capa)

Ilustração de capa: Barlavento Estúdio

Logotipo: Saulo Dorico

Dados Internacionais de Catalogação na Publicação (CIP)

```
Nigro, Rogério G.
   Projeto Ápis : Ciências : 1º ao 5º ano / Rogério G.
Nigro. -- 4. ed. -- São Paulo : Ática, 2020.
   (Projeto Ápis ; vol. 1 ao 5)

   Bibliografia

   1. Ciências (Ensino fundamental) Anos iniciais I. Título
II. Série

20-1157                              CDD 372.835
```

Angélica Ilacqua - Bibliotecária - CRB-8/7057

2020

Código da obra CL 750403

CAE 721247 (AL) / 721248 (PR)

ISBN 9788508195466 (AL)

ISBN 9788508195473 (PR)

4ª edição

1ª impressão

De acordo com a BNCC.

Impressão e acabamento: A.R. Fernandez

Uma publicação  **SOMOS** EDUCAÇÃO

Apresentação

Por dentro do meu corpo,
Células, nutrientes e energia.
No meu mundo,
Continentes, oceanos e ilhas.
E o que dizer a respeito da tecnologia?

Neste 5º ano sei quem sou,
Conheço bem onde estou.

Conexão, rapidez e muita atenção
Fazem parte da modernidade.
A tecnologia é uma moeda de suas faces.

No último giro do planeta, o passado ficou.
No giro que vai começar, o futuro vem se anunciar.
Por isso, nunca é tarde para questionar:
Até onde queremos chegar?

Respostas bem pensadas precisamos dar.
Elas representam esperança no ar,
Esperança que faz o mundo girar.
Que tal usar o que sabemos para renovar?

O autor

Conheça seu livro

Veja a seguir como seu livro de Ciências está organizado. Depois, com um colega, folheie o livro e descubra tudo o que está apresentado nestas páginas.

Unidades

Este livro é dividido em quatro unidades. No início de cada uma há uma imagem sobre o assunto a ser estudado.

Atividade prática

Aqui você põe em prática a atividade proposta e se diverte com os colegas.

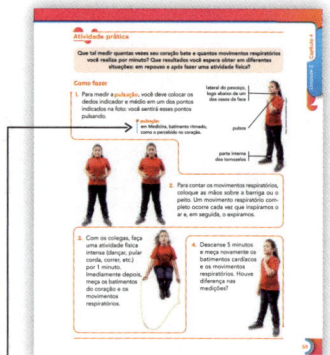

- **Vocabulário:** para facilitar a compreensão dos textos, o significado de algumas palavras será apresentado na própria página.

Capítulos

São dez capítulos no total. Cada um deles é como uma história, com início, desenvolvimento e finalização, na forma de atividades.

Para iniciar

Aqui você e os colegas conversam sobre o que vão estudar e podem dar opiniões sobre os temas. Queremos ouvir o que vocês têm a dizer!

Com a palavra...

Entrevistas com diferentes profissionais farão você perceber que o conhecimento também pode ser adquirido além dos livros.

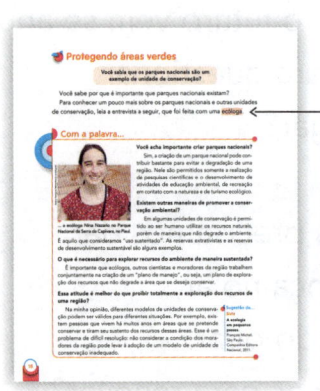

Se aparecer uma palavra ou expressão com fundo laranja, consulte o Glossário no fim do livro.

Assim também aprendo

Que tal aprender um pouco mais com jogos e atividades divertidas? Esse é o objetivo desta seção.

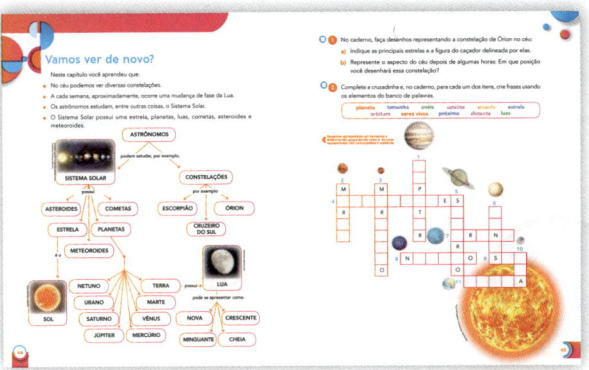

Vamos ver de novo?

Aqui você retoma o que foi estudado no capítulo por meio de textos, esquemas e atividades.

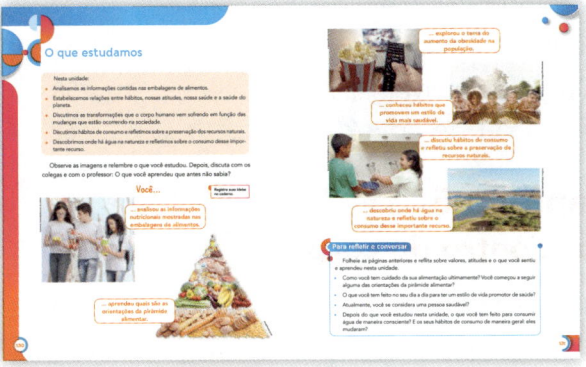

O que estudamos

Aqui você confere o que estudou, relembrando os temas trabalhados nos capítulos da unidade. Este é o momento de refletir sobre o que aprendeu e sobre a forma de agir, pensar e sentir no dia a dia.

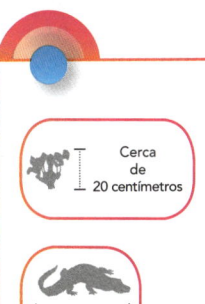

Sempre que possível, o tamanho aproximado de alguns seres vivos será indicado por símbolos. Quando a medida for apresentada por uma barra vertical, significa que ela é referente à altura. Quando for representada por uma barra horizontal, significa que se refere ao comprimento.

ÍCONES

 ATIVIDADE EM GRUPO

 ATIVIDADE EM DUPLA

 ATIVIDADE NO CADERNO

 ATIVIDADE ORAL

 MURAL DA TURMA

Tecendo saberes

Nesta seção você verá como tudo o que aprendeu poderá ajudar no estudo de outras áreas do conhecimento.

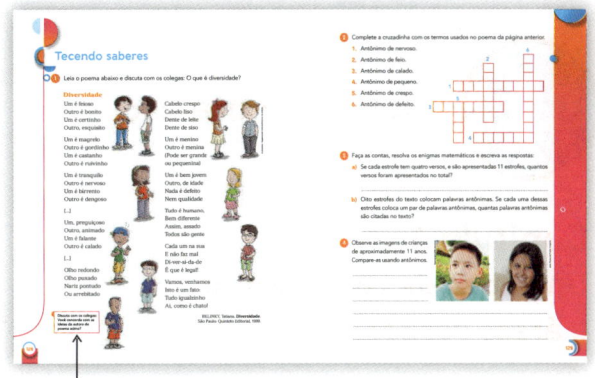

Este **bilhete** sempre traz um recado especial para você.

Material complementar

Acompanha o livro do aluno:

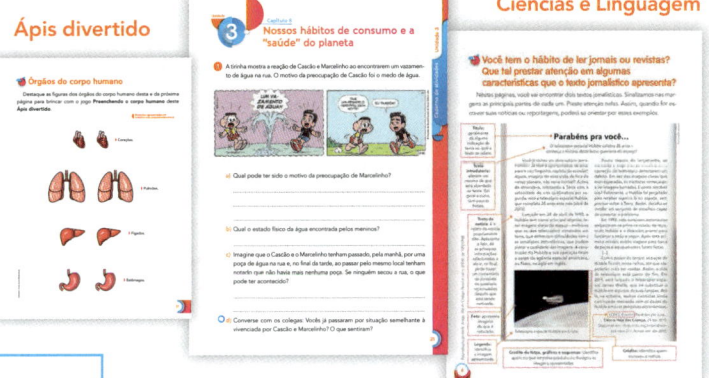

Caderno de atividades

Ápis divertido

Ciências e Linguagem

Ápis divertido

Caderno de figuras destacáveis para você realizar atividades do livro e de jogos que exploram os temas estudados.

Caderno de atividades

Com este caderno você vai praticar o que aprendeu em cada capítulo estudado.

Ciências e Linguagem

Caderno de atividades que incentivam você a ler e a escrever e ajudam a rever os conceitos estudados durante o ano.

Sumário

UNIDADE 1 — Explorar é preciso 8

Capítulo 1
Unidades de conservação e áreas verdes 10

Para iniciar 10
Atividade prática 11
Explorando áreas verdes 12
Protegendo áreas verdes 16
Vamos ver de novo? 20

Capítulo 2
Exploradores da Terra 22

Para iniciar 22
Atividade prática 23
A Terra é esférica 24
Instrumentos de navegação 28
Vamos ver de novo? 32

Capítulo 3
Exploradores do Universo 34

Para iniciar 34
Atividade prática 35
O céu noturno 36
O Sistema Solar 40
Vamos ver de novo? 44
Tecendo saberes 46
O que estudamos 48

UNIDADE 2 — O corpo dinâmico 50

Capítulo 4
Movimente-se 52

Para iniciar 52
Atividade prática 53
Atividade física 54
Energia para viver 58
Vamos ver de novo? 62

Capítulo 5
Por dentro do corpo 64

Para iniciar 64
Atividade prática 65
Pulmões e coração 66
Por dentro da barriga 70
O que forma o sangue? 74
Surge um novo ser 78
Vamos ver de novo? 82
Tecendo saberes 84
O que estudamos 86

Hagaquezart Estudio/Arquivo da editora

UNIDADE 3

3 Ser saudável 88

Capítulo 6
Nossa alimentação, nossa saúde .. 90

Para iniciar 90
Atividade prática 91
Nutrientes nos alimentos 92
Por uma alimentação saudável 96
Vamos ver de novo? 100

Capítulo 7
Nosso estilo de vida, nossa saúde .. 102

Para iniciar 102
Atividade prática 103
Lanchinho + telinha = ? 104
Por um estilo de vida saudável 108
Vamos ver de novo? 112

Capítulo 8
**Nossos hábitos de consumo
e a "saúde" do planeta** 114

Para iniciar 114
Atividade prática 115
Nossos hábitos e os recursos naturais 116
Refletindo sobre a água 120
Vamos ver de novo? 126
Tecendo saberes 128
O que estudamos 130

UNIDADE 4

4 Admirável mundo novo 132

Capítulo 9
Materiais no lixo e reciclagem 134

Para iniciar 134
Atividade prática 135
Invenções: vantagens e desvantagens 136
Invenções e materiais no dia a dia 140
Por que reciclar? 144
Vamos ver de novo? 148

Capítulo 10
**Ciência, tecnologia e o
nosso futuro** 150

Para iniciar 150
Atividade prática 151
Problemas nas grandes cidades ... 152
Fontes de energia "limpa" 156
Vamos ver de novo? 160
Tecendo saberes 162
O que estudamos 164

Glossário 166
Bibliografia 168

1 Explorar é preciso

- Quantas plantas diferentes você consegue encontrar nesta imagem? Explique em que elas diferem.

- Identifique na imagem alguma referência a instrumentos que navegadores podem usar e que os ajudam a se localizar. O que você achou?

- Em sua opinião, é importante explorar e conhecer diferentes lugares? Por quê?

R2 Editorial/Bruno Aurema

1. Unidades de conservação e áreas verdes

Turistas no Parque Nacional do Iguaçu, no Brasil, que faz fronteira com a Argentina e o Paraguai.

 Como é a vegetação de diferentes áreas verdes?

 ## Para iniciar

Neste capítulo vamos estudar o aspecto da vegetação de áreas verdes e aprender sobre unidades de conservação, como os parques nacionais e estaduais.

- Você sabe quantos parques nacionais ou estaduais existem no estado onde você mora? Qual é o mais próximo de sua cidade?

- Troque ideias com os colegas: Na sua opinião, por que existem esses parques?

- Converse com os colegas: Que ações vocês podem desenvolver para preservar as áreas verdes próximas à escola?

Atividade prática

Quantas plantas diferentes podem ser encontradas em uma área verde que você conhece?

Como fazer

1. Acompanhado de um adulto, escolha uma área verde próxima da sua casa ou da escola para analisar a vegetação.

Fotos: Fernando Favoretto/Criar Imagem

2. Faça desenhos da vegetação estudada.

3. Quando possível, crie legendas para os desenhos com o nome das plantas encontradas.

4. Fixe os resultados do seu estudo no Mural da turma e compare-os com os resultados obtidos pelos colegas.

Explorando áreas verdes

Elementos representados em tamanhos não proporcionais entre si.

Vamos observar e descrever o aspecto da vegetação.

Você já parou para pensar que é muito importante cuidarmos das áreas verdes? Nas grandes cidades, áreas verdes contribuem para melhorar a qualidade do ar. Nas margens dos rios e córregos, as plantas têm o papel de evitar desmoronamentos e preservar os cursos de água. Além disso, as plantas são alimentos de variadas espécies de animais.

Preste atenção no aspecto das plantas de uma área verde que você conhece. Às vezes podemos nos surpreender: em uma pequena área pode existir uma vegetação muito variada!

Veja abaixo uma representação que alguns biólogos começaram a fazer de um trecho de Mata Atlântica. Eles também anotaram o nome das plantas que identificaram. Repare que há árvores de diferentes portes e muito mais do que isso. Existem arbustos e plantas herbáceas, vegetação rasteira e também plantas epífitas.

Hortelã, exemplo de planta herbácea.

Yada Prasitthichokun/Shutterstock

Hagaquezart Estúdio/Arquivo da editora

1. musgo
2. bromélia gravatá
3. bromélia *Neoregelia*
4. samambaia
5. canjarana
6. angico
7. cedro
8. caeté ou maranta-de-burle-marx

A definição das palavras destacadas está no **Glossário**, página 166.

Pesquise imagens da Mata Atlântica e converse com seus colegas: Quais são as características desse ambiente?

Se os biólogos estivessem estudando outra área verde, como a dos Pampas, a vegetação seria diferente, já que nos Pampas há o predomínio da vegetação rasteira.

Além da Mata Atlântica e dos Pampas, nosso país possui outras áreas verdes extensas, com aspecto da vegetação muito característico. Só para citar alguns exemplos: Floresta Amazônica, Caatinga, Pantanal, Cerrado.

Steve Bower/S

A orquídea é um exemplo de epífita.

1 Analise o desenho feito pelos biólogos, apresentado na página anterior, e complete o quadro.

	Nome da planta	Código de identificação
Planta rasteira	Musgo	_____
Arbusto ou planta herbácea	_____	4
	Caeté	_____
Árvore	Canjarana	_____
	Angico	_____
	_____	7
Epífita	_____	2
	Bromélia *Neoregelia*	_____

2 Complete a cruzadinha, faça uma pesquisa e, no caderno, explique cada termo.

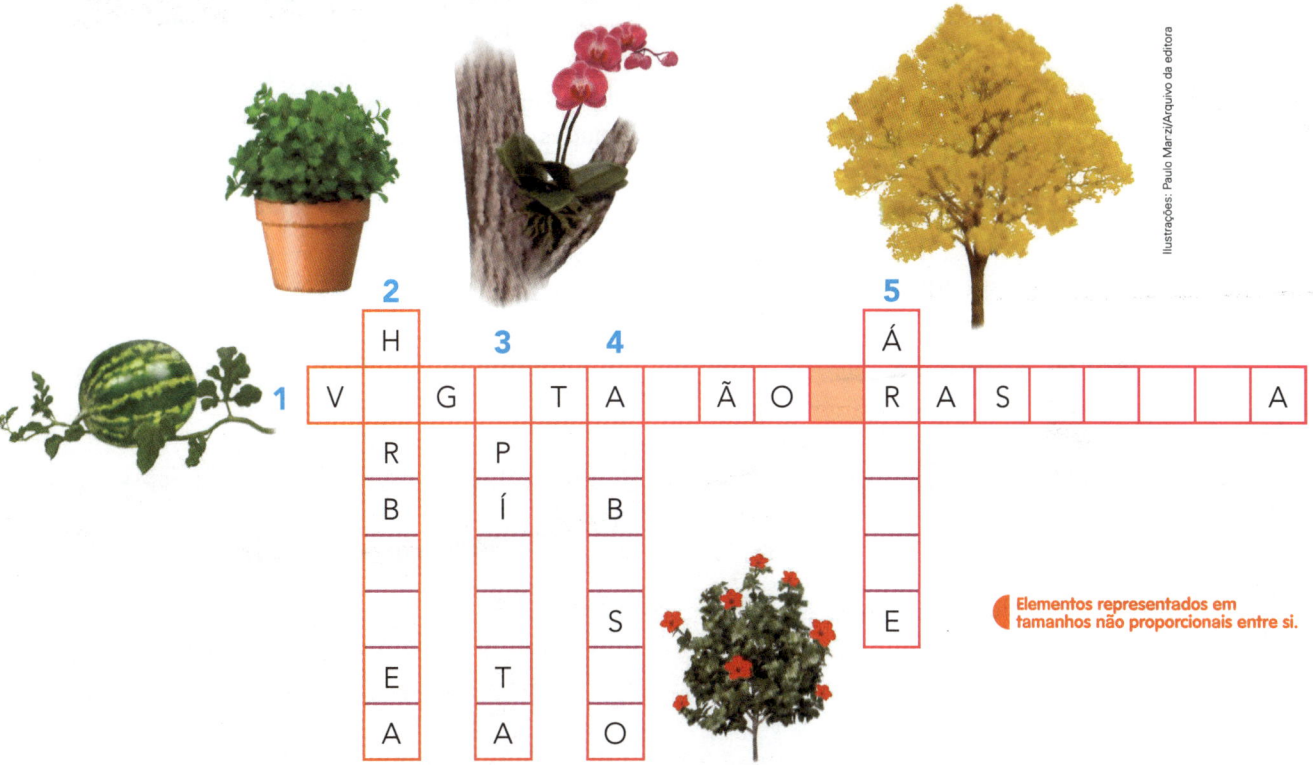

Ilustrações: Paulo Marzi/Arquivo da editora

Elementos representados em tamanhos não proporcionais entre si.

3 Os alunos começaram a fazer um mural sobre parques nacionais. Observe o aspecto da vegetação nas imagens abaixo e, depois, complete as lacunas dos textos. Use os termos do banco de palavras.

plantas rasteiras   árvores   plantas aquáticas   cactos

A vegetação nos parques nacionais

Adriano Gambarini/Acervo do fotógrafo

O Parque Nacional do Jaú está localizado no estado do Amazonas e possui rios de água preta e áreas com floresta tropical: uma mata densa, com vegetação bem diversificada e grandes

_____.

Uwe Bergwitz/Shutterstock

No Parque Nacional do Pantanal Mato-Grossense, localizado entre Mato Grosso e Mato Grosso do Sul, na região Centro-Oeste, muitas áreas ficam alagadas durante parte do ano. Há regiões de vegetação rasteira, com aspecto de pasto; há

lagoas e _____, como o aguapé; e também áreas com mata densa, com árvores baixas e retorcidas.

lucasgamaral/Shutterstock

O Parque Nacional da Lagoa do Peixe está localizado no Rio Grande do Sul. Há áreas de campo com vegetação típica dos Pampas, composta principalmente de gramíneas e

_____.

 **4** No caderno, escreva um pequeno texto para descrever a vegetação da Caatinga e da Mata Atlântica.

- Em sua descrição, ressalte o aspecto da vegetação.
- Discuta também a importância da vegetação para o ambiente.

> No caderno, cole uma foto de um parque nacional próximo de onde você mora. Escreva uma legenda para a imagem.

Brasil: divisão em regiões

55° G

Equador

0°

REGIÃO NORTE

REGIÃO NORDESTE

REGIÃO CENTRO-OESTE

REGIÃO SUDESTE

OCEANO PACÍFICO

Trópico de Capricórnio

REGIÃO SUL

OCEANO ATLÂNTICO

ESCALA
0   445   890
Quilômetros

N O L S

Banco de imagens/Arquivo da editora

Fonte: IBGE. **Atlas geográfico escolar**. Rio de Janeiro, 2012.

Pedro Helder Pinheiro/Shutterstock

No Parque Nacional da Serra da Capivara, no estado do Piauí, podemos encontrar importantes sítios arqueológicos. O parque está em uma área com baixa ocorrência de chuvas e de aspecto árido: a Caatinga. Nessa área, conhecida como sertão, a vegetação tem aparência espinhenta, esbranquiçada na época de seca e com muitos

_____.

Vinícius Fonseca/Shutterstock

O Parque Nacional de Itatiaia, localizado entre os estados do Rio de Janeiro e Minas Gerais, foi o primeiro parque criado no Brasil, em 1937. O seu ponto mais alto é o pico das Agulhas Negras, com 2 791 metros. O aspecto da vegetação do parque varia com o aumento da altitude. Nas partes mais altas, a vegetação é mais rasteira, com gramíneas e alguns cactos. Nas demais partes há o predomínio de Mata Atlântica, com vegetação de aspecto exuberante.

Protegendo áreas verdes

> **Você sabia que os parques nacionais são um exemplo de unidade de conservação?**

Você sabe por que é importante que parques nacionais existam?

Para conhecer um pouco mais sobre os parques nacionais e outras unidades de conservação, leia a entrevista a seguir, que foi feita com uma ecóloga.

Com a palavra...

... a ecóloga Nina Nazario no Parque Nacional da Serra da Capivara, no Piauí.

Você acha importante criar parques nacionais?

Sim, a criação de um parque nacional pode contribuir bastante para evitar a degradação de uma região. Nele são permitidos somente a realização de pesquisas científicas e o desenvolvimento de atividades de educação ambiental, de recreação em contato com a natureza e de turismo ecológico.

Existem outras maneiras de promover a conservação ambiental?

Em algumas unidades de conservação é permitido ao ser humano utilizar os recursos naturais, porém de maneira que não degrade o ambiente. É aquilo que consideramos "uso sustentado". As reservas extrativistas e as reservas de desenvolvimento sustentável são alguns exemplos.

O que é necessário para explorar recursos do ambiente de maneira sustentada?

É importante que ecólogos, outros cientistas e moradores da região trabalhem conjuntamente na criação de um "plano de manejo", ou seja, um plano de exploração dos recursos que não degrade a área que se deseja conservar.

Essa atitude é melhor do que proibir totalmente a exploração dos recursos de uma região?

Na minha opinião, diferentes modelos de unidades de conservação podem ser válidos para diferentes situações. Por exemplo, existem pessoas que vivem há muitos anos em áreas que se pretende conservar e tiram seu sustento dos recursos dessas áreas. Esse é um problema de difícil resolução: não considerar a condição dos moradores da região pode levar à adoção de um modelo de unidade de conservação inadequado.

> **Sugestão de... Livro**
>
> **A ecologia em pequenos passos**. François Michel. São Paulo: Companhia Editora Nacional, 2011.

1 Ajude a escrever a **Enciclopédia digital das crianças**, explicando cada um dos termos abaixo.

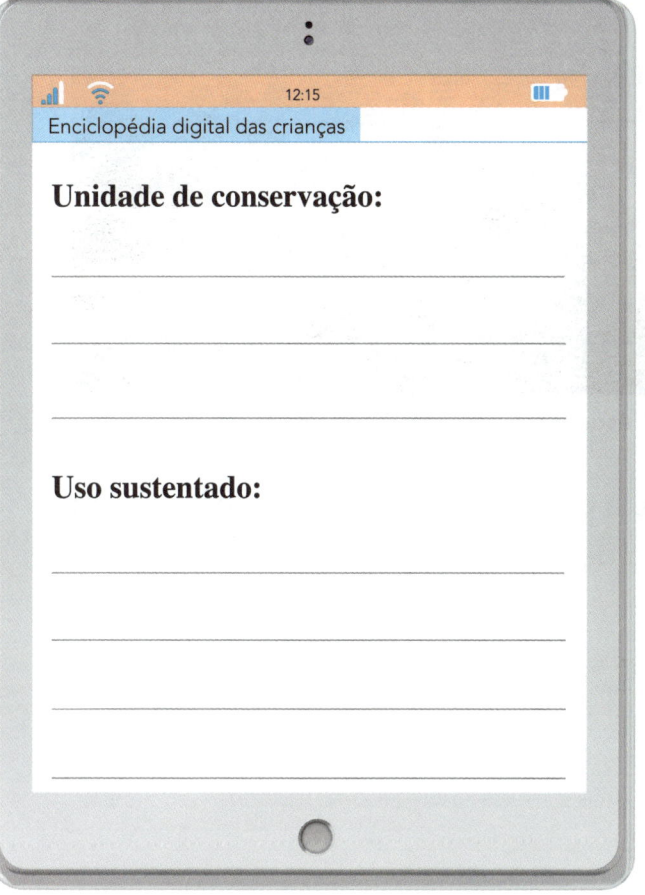

Enciclopédia digital das crianças

12:15

Unidade de conservação:

_____

_____

_____

Uso sustentado:

_____

_____

_____

_____

Os limites do parque nacional mostrado na foto coincidem com os limites da atual floresta.

Se não existisse o parque, será que ainda existiria a floresta do Iguaçu?

2 Observe as fotografias e complete as legendas. Depois, troque ideias com os colegas sobre as dúvidas das crianças.

Paulo Jares/Arquivo da editora

À esquerda, área usada para cultivo; à direita, o Parque Nacional do Iguaçu (PR).

Paulo Fridman/Pulsar Imagens

Na imagem vemos uma monocultura de cana-de--açúcar. A vegetação tem o seguinte aspecto:

_____

_____

TSN52/Shutterstock

Em uma floresta, a vegetação apresenta o seguinte aspecto:

_____

_____

iStock/Getty Images

3 Observe as mudanças da paisagem que ocorreram ao longo dos anos.

Avenida João Ribeiro, em Aracaju, na década de 1970 (à esquerda) e em 2010 (à direita).

- Qual foi a ação do ser humano sobre a paisagem ao longo do tempo? Em sua resposta, use os termos do banco de palavras.

> áreas verdes construções

_____

_____

_____

_____

4 Troque ideias com os colegas e tente responder à dúvida do menino abaixo.

> Se essa paisagem fosse uma área de proteção ambiental, será que ela teria sido tão modificada?

5 Observe as fotografias e leia sobre a criação do Núcleo Picinguaba do Parque Estadual da Serra do Mar, em Ubatuba, no estado de São Paulo. Troque ideias com os colegas e, depois, responda à pergunta.

Denise Durand Kremer/Acervo da fotógrafa

Ilustrações: Fabio Eugenio/ Arquivo da editora

Antigamente, havia muitas fazendas. Eram praticadas as atividades de pesca, caça, extração de palmito, mineração... Mas as cidades eram pequenas, e era comum as pessoas se deslocarem usando canoas.

O turismo começou a crescer após a criação da estrada Rio-Santos (BR-101), em 1973. Em 1979, o Núcleo Picinguaba foi anexado ao Parque Estadual da Serra do Mar. Na época, havia menos mata do que hoje na região da vila de Picinguaba.

O que motiva uma pessoa a visitar um parque nacional ou estadual? Você já visitou algum?

Denise Durand Kremer/Acervo da fotógrafa

Desde o final dos anos 1980, ações de fiscalização ajudaram a coibir o desmatamento. Hoje em dia, o turismo e a ocupação das terras no parque são controlados. É possível visitar praias, cachoeiras e matas recuperadas.

- Se o parque não tivesse sido criado, você acha que a vegetação teria se recuperado?

Vamos ver de novo?

Neste capítulo você aprendeu que:

- A vegetação pode ter diferentes aspectos: **árvores**, **arbustos** e **plantas rasteiras, herbáceas** e **epífitas**, por exemplo.
- Áreas verdes têm composição de vegetação bem característica. Considere, por exemplo, a **Floresta Amazônica**, a **Mata Atlântica**, a **Caatinga**, os **Pampas**, o **Pantanal**, etc.
- Parques nacionais e estaduais são exemplos de **unidades de conservação**.
- O uso sustentado de uma área verde é um aliado de sua preservação.
- A vegetação de áreas protegidas pode se recompor com o passar do tempo.

1 Observe como Jean-Baptiste Debret representou uma área da Mata Atlântica. Descreva essa vegetação usando os termos do banco de palavras.

> árvores   herbáceas   epífitas   rasteira

Reprodução/Fundação Biblioteca Nacional, Rio de Janeiro, RJ

Vale na Serra do Mar, do pintor francês Jean-Baptiste Debret, 1839 (litografia colorida).

_____

_____

_____

2 Marque as afirmações com verdadeiro ou falso e explique, no caderno, sua resposta.

☐ O aspecto da vegetação dentro de um parque nacional sempre é homogêneo.

☐ Nos parques nacionais é permitida a instalação de indústrias.

☐ Em parques nacionais só é permitida a realização de pesquisa científica.

☐ Em parques nacionais podem ser realizadas atividades de visitação e recreação em contato com a natureza.

2

Exploradores da Terra

Partida de Lisboa para o Brasil, as Índias Orientais e a América, de Theodore de Bry, 1592 (gravura).

 Como as explorações ampliam nosso conhecimento da Terra?

Para iniciar

Neste capítulo vamos explorar o planeta Terra. Conheceremos a história de exploradores, analisaremos mapas e imagens da Terra e aprenderemos como as bússolas funcionam.

- Você já pensou em ser um explorador? Que viagens gostaria de fazer? Que meios de transporte gostaria de utilizar?

- No caderno, faça um desenho de alguma paisagem que gostaria de ver pessoalmente.

- Você já viu ou usou uma bússola? Caso já tenha visto ou usado uma, explique como ela é e como é utilizada.

Atividade prática

Que tal construir com alguns colegas um modelo da Terra?

Material

- Balão inflável
- Caneta
- Cola
- Papéis azul, marrom e branco
- Tesoura com pontas arredondadas

Como fazer

1. Separem os materiais e analisem com atenção um mapa ou um globo terrestre.

> Troque ideias com os colegas: Como podemos representar as nuvens no nosso modelo da Terra?

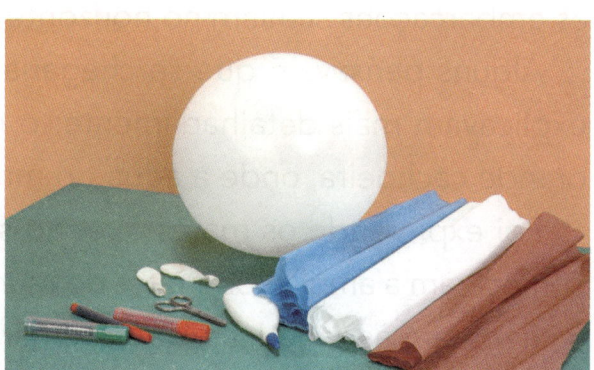

2. Façam o esboço dos continentes no balão já cheio de ar e colem papel azul no lugar correspondente aos oceanos.

3. Colem papel marrom no lugar correspondente aos continentes.

4. Colem papel branco no lugar correspondente aos polos norte e sul. Por fim, que tal usar bonequinhos de papel para representar as pessoas sobre a superfície do planeta?

23

A Terra é esférica

Vamos observar representações do planeta Terra e conhecer a história de grandes exploradores.

Você já olhou o mar e a linha do horizonte?

Antigamente, ninguém sabia ao certo o que havia além dessa linha. Quando as embarcações sumiam no horizonte, não se sabia até onde navegariam.

Alguns pensavam que se chegaria ao fim do mundo. Outros explicavam mais detalhadamente: o mundo terminaria em uma grande cachoeira, onde a água do mar **desembocava**.

desembocava: desaguava; terminava.

Foi explorando os mares que, no século XV, alguns navegadores europeus começaram a ampliar os limites do mundo conhecido por eles: saíram da Europa e chegaram às Américas, que chamaram de "Novo Mundo", e contornaram o extremo sul da África, chegando ao oceano Índico.

Estava ficando cada vez mais claro que os limites do mundo eram diferentes do que eles imaginavam na época. Se um navegador podia sair de um porto, navegar continuamente na mesma direção, contornar os continentes que encontrasse no caminho e, no fim, chegar ao mesmo porto de onde saiu, isso indicava que a Terra era redonda. Foi por volta de 1520 que ocorreu a primeira volta completa pelo mundo de que se tem notícia. A viagem foi um marco para o conhecimento humano.

Akg-Images/Fotoarena

Mapa-múndi do início do século XVI que ilustra o mundo conhecido pelos europeus antes das Grandes Navegações.

1 Observe com atenção a imagem do planeta Terra visto do espaço. Agora, complete as lacunas identificando o continente visível, oceanos e nuvens.

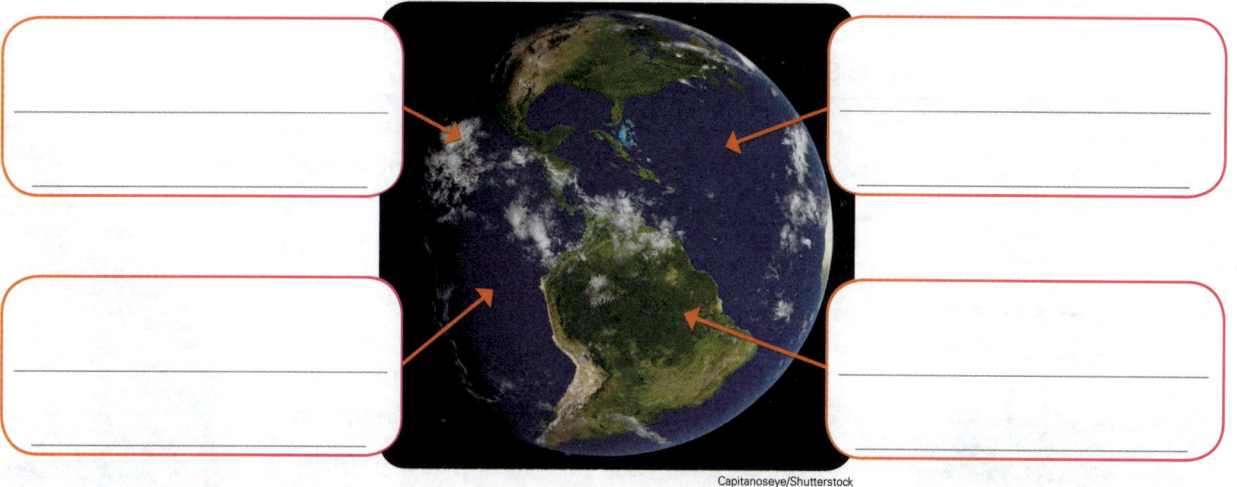

Capitanoseye/Shutterstock

2 Analise os dois mapas desta seção e compare-os atentamente: Que oceanos e continentes é possível identificar em cada um deles?

Mapa-múndi

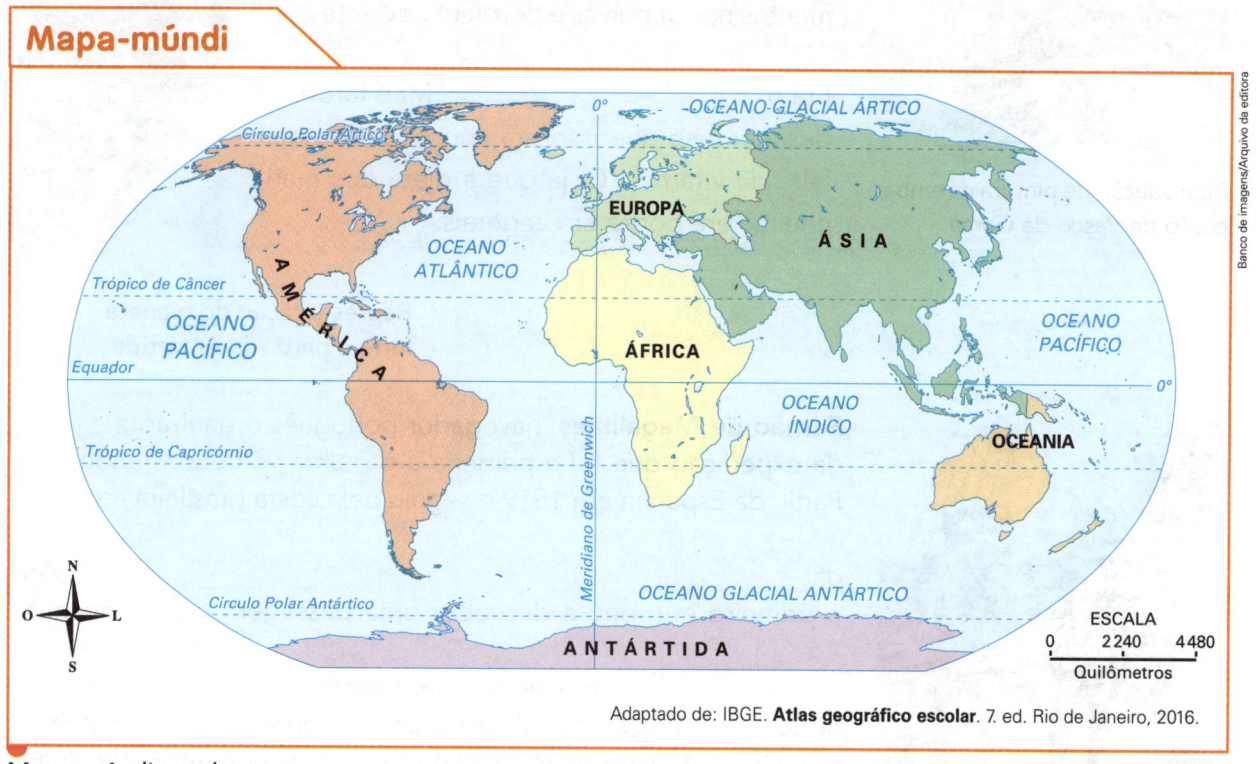

Banco de imagens/Arquivo da editora

Adaptado de: IBGE. **Atlas geográfico escolar**. 7. ed. Rio de Janeiro, 2016.

Mapa-múndi atual.

3 Leia os textos e conheça alguns exploradores da Terra e os locais por onde passaram. Depois, preencha as lacunas dos textos com os termos do banco de palavras.

oceano glacial Antártico   escorbuto   polo sul   Antártida
América do Sul   Pacífico   sul da África

Reprodução de pintura da embarcação de Vasco da Gama.

Vasco da Gama: em 1497 esse navegador partiu de Portugal e fez uma parada em Cabo Verde. Depois, seguiu rumo ao **cabo da Boa Esperança**

e contornou o _____. Daí, subiu pela costa desse continente e, em seguida, para as Índias. Antes dele, nenhum navegante europeu havia se aventurado a atravessar o extremo sul da **África**. Além dos perigos do mar agitado, os marinheiros ficavam doentes, com sangramentos nas gengivas e perdiam os dentes.

Era o _____. Mais tarde, descobriu-se que isso era consequência da falta de vitamina C, já que a dieta dos marinheiros era pobre em vegetais.

Representação do planeta Terra a partir da Antártida.

Pintura retratando Fernão de Magalhães a bordo de seu navio.

Fernão de Magalhães: navegador português organizador da expedição que foi a primeira a dar uma volta ao mundo. Partiu da Espanha em 1519 e seguiu pela costa brasileira até o sul

da _____. Foi o primeiro europeu a descobrir uma passagem para o oceano

_____, que levou o seu nome: **estreito de Magalhães**. Seguiu em direção às Filipinas, onde morreu em uma batalha, em 1521. A expedição continuou, sob o comando de Juan Sebastián Elcano, pela Indonésia e depois rumou para a África, contornou o cabo da Boa Esperança e voltou pelo Atlântico até Sevilha. Dos cinco barcos e 237 tripulantes que partiram, três anos depois retornou somente um barco, com 18 tripulantes.

4 No caderno, faça um desenho da Terra, indicando o possível trajeto das viagens de Vasco da Gama e de Fernão de Magalhães.

Converse com os colegas: O que mais chamou a sua atenção nas viagens de cada explorador?

James Cook: navegador inglês que, de 1768 a 1779, fez três grandes viagens ao redor do mundo. Nelas, explorou, particularmente, os mares da Austrália, Nova Zelândia, Nova Guiné e Taiti. Antes das explorações de Cook, muitos europeus pensavam que, no hemisfério sul, em volta do

_____, havia uma grande massa de terra, similar ao que há no hemisfério norte. Em sua segunda viagem, no início dos anos 1770, James Cook deu a volta ao mundo pelo

_____, chegando bem perto da Antártida. Em suas viagens, havia frutas e legumes para a tripulação: sucos de limão e de laranja, chucrute e cenoura. Assim, contornava o grave problema do escorbuto.

Embarcação utilizada por James Cook em 1768 na navegação com destino ao Taiti.

Roald Amundsen: explorador norueguês obcecado pelas regiões polares do planeta. Conviveu com os esquimós e aprendeu muitos de seus hábitos. Em 1910, partiu rumo ao polo sul. Após chegar

de barco à _____, fez uma longa caminhada de mais de 2 000 quilômetros, passando por altitudes superiores a 3 000 metros em alguns pontos da cordilheira Transantártica. Para a travessia, sua equipe contava com cachorros puxando trenós. Chegaram ao polo sul em 14 de dezembro de 1911.

O norueguês Roald Amundsen no Alasca, em 1905.

5 Após ler os textos, complete o quadro-resumo abaixo.

Explorador	Grande feito	Ano ou período em que ocorreu o feito
Vasco da Gama		
Fernão de Magalhães		
James Cook		
Roald Amundsen		

Instrumentos de navegação

agulha

Vamos estudar um instrumento de navegação: a bússola.

Para não se perder em suas viagens, como um explorador dos mares faz para se orientar?

Se estiver próximo à costa, o explorador pode se guiar por elementos do relevo e da paisagem. Para vê-los melhor, binóculos e lunetas são instrumentos úteis: eles ajudam a ver o que está situado a grandes distâncias.

Mas, em alto-mar, não há como fazer isso!

É aí que a bússola entra em cena. Trata-se de um instrumento que possui uma agulha **imantada**, que indica, aproximadamente, a direção norte-sul.

As primeiras bússolas não eram nada mais do que um pedaço de rocha chamada magnetita pendurada em uma linha. Assim que a magnetita parava de girar, descobria-se a direção norte-sul.

◖ Elementos representados em tamanhos não proporcionais entre si.

● **imantada:** com propriedades de ímã; magnetizada.

Isso acontece porque a magnetita tem propriedades magnéticas: ela é usada para fazer ímãs naturais. Quando próxima a materiais ferromagnéticos, ocorre uma atração entre estes e a magnetita. Quando pendurados, podendo girar livremente, tanto a magnetita quanto os ímãs se alinham com a direção norte-sul.

Atualmente, os navegadores podem, ainda, contar com outro instrumento: o GPS. O nome vem da sigla em inglês para "sistema de posicionamento global". Com o GPS, podemos nos localizar no planeta: ficamos sabendo a latitude, a longitude e a altitude em que estamos.

A latitude e a longitude são valores indicados em relação a duas importantes linhas imaginárias ao redor do planeta. Essas linhas dividem o planeta nas porções norte-sul (latitude) e leste-oeste (longitude).

Globo terrestre com linhas que marcam latitude e longitude.

1 Observe as imagens abaixo. Em seguida, complete o quadro com o nome dos objetos, classificando-os corretamente.

● Elementos representados em tamanhos não proporcionais entre si.

Picsfive/Shutterstock

Elizabeth A.Cummings/Shutterstock

Bokeh Blur Background/Shutterstock

Objetos atraídos por ímã	Objetos não atraídos por ímã
_____	_____
_____	_____
_____	_____

montego/Shutterstock

Fred Cardoso/Shutterstock

Yearnake/Shutterstock

2 Com base na leitura do texto da página anterior, complete os esquemas.

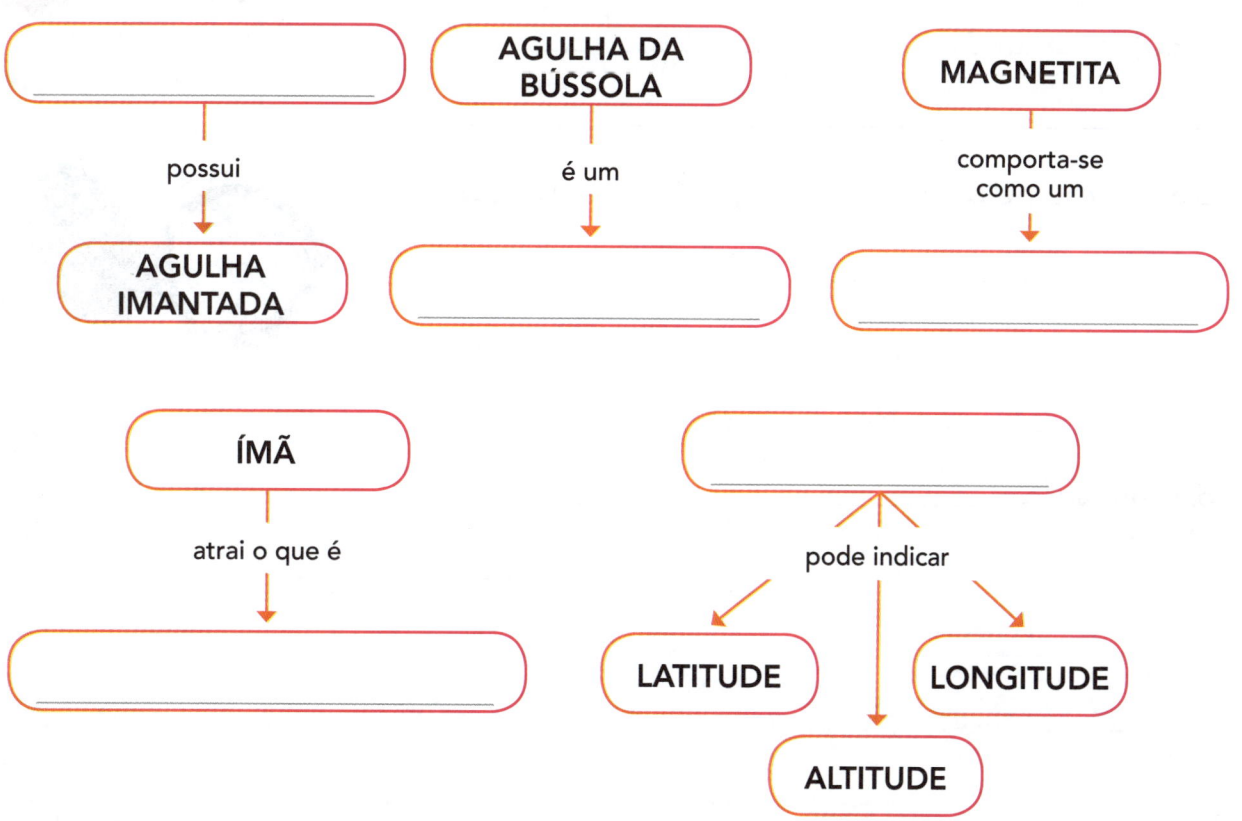

_____ possui → **AGULHA IMANTADA**

AGULHA DA BÚSSOLA é um → _____

MAGNETITA comporta-se como um → _____

ÍMÃ atrai o que é → _____

_____ pode indicar → **LATITUDE**, **ALTITUDE**, **LONGITUDE**

3 Complete os relatórios das atividades que alguns alunos fizeram para explorar o funcionamento das bússolas.

Relatório 1

Problema: Ao girar uma bússola, o que acontece com sua agulha?

O que fizemos: Observamos uma bússola sobre a mesa (figura 1). Depois, giramos a bússola aproximadamente

_____

(figura 2). Então, giramos novamente a bússola aproximadamente _____

_____ (figura 3).

O que observamos: Ao girar a primeira vez, observa-se que _____

_____.

Ao girar pela segunda vez, observa-se que

_____

_____.

O que concluímos: Podemos dizer que a agulha da bússola _____

_____

_____

_____

Figura 1.

Figura 2.

Figura 3.

Fotos: Sérgio Dotta Jr./Arquivo da editora

O que você acha que vai acontecer: O ímã para em posições diferentes a cada rodada ou ele sempre para na mesma posição?

Elementos representados em tamanhos não proporcionais entre si.

Unidade 1   Capítulo 2

Relatório 2

Problema: Ao girar um ímã suspenso por um fio, em que posição ele para?

O que fizemos: Primeiro nós _____

_____

_____

_____ (figura 1).

Figura 1.

Depois, nós _____

_____ (figura 2) e o penduramos em uma mesa, de forma que o ímã pudesse girar livremente (figura 3). Giramos o ímã várias vezes e observamos a posição em que ele parava de girar em cada vez.

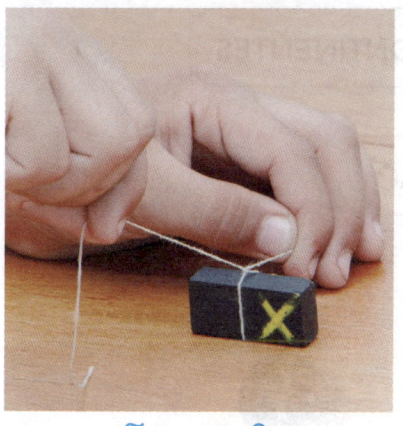

Figura 2.

O que observamos: Verificamos que

_____

_____

_____.

O que concluímos: Concluímos que

Figura 3.

_____

_____.

Que comparação podemos fazer entre um ímã suspenso e a agulha de uma bússola?

Vamos ver de novo?

Neste capítulo você aprendeu que:

- O planeta Terra tem o formato esférico e possui oceanos e continentes.
- Bússola e GPS são exemplos de instrumentos de navegação.
- O GPS informa a latitude, a longitude e a altitude.
- A agulha da bússola é um ímã e indica, aproximadamente, a direção norte-sul.

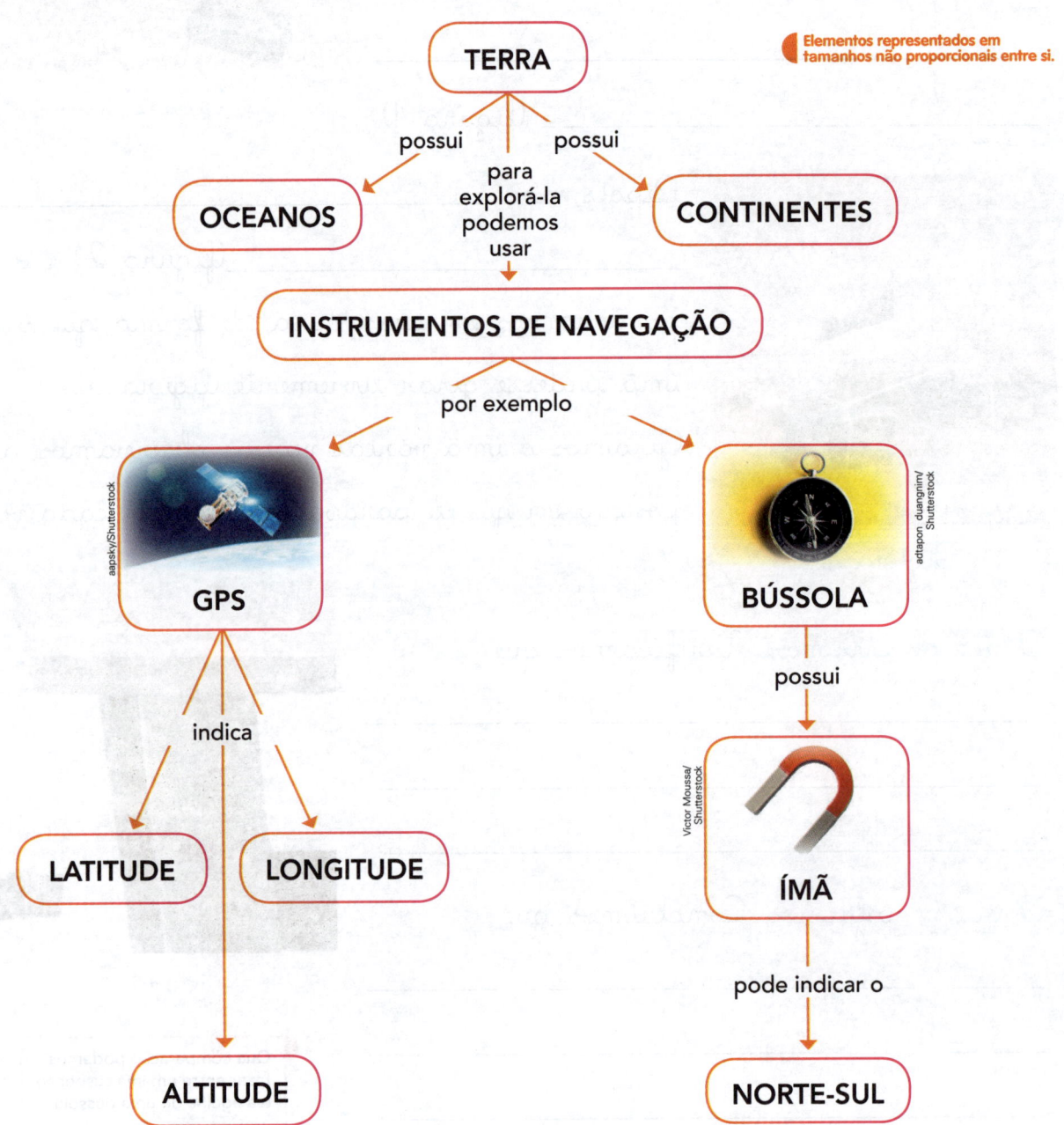

Elementos representados em tamanhos não proporcionais entre si.

1 Analise as falas das crianças e responda abaixo: Com qual delas você concorda? Explique.

_____

_____

_____

2 A imagem representa o globo terrestre a partir da Antártida. Analise o trajeto de uma viagem feita pelo navegador brasileiro Amyr Klink e responda às questões.

a) Quais continentes e oceanos você identifica na imagem?

_____

_____

_____

_____

_____

_____

_____

_____

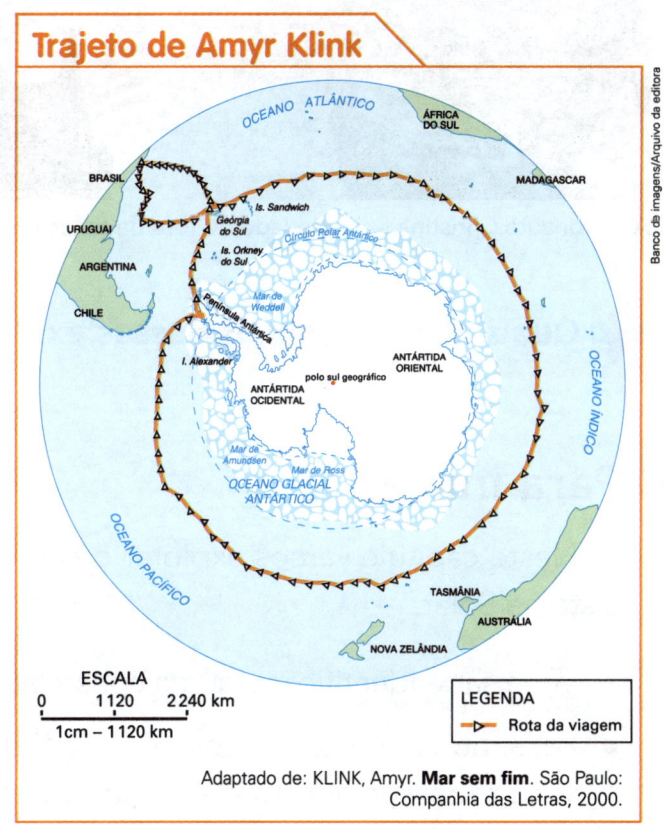

Adaptado de: KLINK, Amyr. **Mar sem fim**. São Paulo: Companhia das Letras, 2000.

b) Troque ideias com os colegas. Depois, registre no caderno a sua opinião: Podemos ou não afirmar que nessa viagem Amyr Klink deu uma volta pela Terra?

3

Exploradores do Universo

Christina Koch/NASA

A astronauta Christina Koch do lado de fora da Estação Espacial Internacional, em 2019.

 Quais são os destinos desses exploradores?

Para iniciar

Neste capítulo vamos explorar o céu noturno e estudaremos mais a fundo o Sistema Solar.

● Você sabe identificar alguma constelação no céu noturno? Qual(is)?

● Faça, no caderno, um desenho do Sistema Solar, representando tudo o que você sabe que pode ser encontrado nele.

● Troque ideias com os colegas: Você já sentiu vontade de sair do planeta Terra e explorar o Universo ou nunca se imaginou fazendo isso?

Atividade prática

Que tal observar a Lua simulando o funcionamento de um telescópio, instrumento usado para explorar o céu?

Material

- Imagem impressa da Lua
- Espelho curvo
- Espelho plano
- Lupa de mão
- Mesa ou suporte para apoiar os espelhos

Como fazer

1. Faça esta montagem em um dia em que a Lua esteja visível no céu. Ou então prenda em uma parede uma imagem da Lua, para fazer uma simulação.

Fotos: Sergio Dotta/Arquivo da editora

2. Posicione o espelho plano sobre uma mesa, de costas para a Lua.

Experimente variar a distância entre a lupa e o espelho: o que acontece?

3. Coloque o espelho curvo – desses usados para se barbear ou se maquiar – de frente para a Lua e para o espelho plano. Ajeite os dois espelhos até que você consiga ver, no espelho plano, a imagem da Lua refletida pelo espelho curvo.

4. Segure a lupa de forma que você possa ver a imagem da Lua no espelho plano. Movimente a lupa para a frente e para trás, até obter uma imagem nítida. Procure por detalhes na imagem.

O céu noturno

Vamos fazer observações do céu noturno.

Foto: Justin Starr Photography/Shutterstock
Ilustração: Hagaquezart Estúdio/Arquivo da editora

Três Marias

O conjunto de estrelas popularmente chamado Três Marias faz parte da constelação de Órion.

O que você consegue identificar no céu à noite?

Os astrônomos definem áreas bem delimitadas do céu e as chamam de constelações. Então, descrevem o que conseguem identificar nessas áreas.

No início das noites de verão é fácil observar o conjunto de estrelas conhecido como Três Marias: três estrelas bem alinhadas e com brilho parecido. Ao redor delas há quatro estrelas bem brilhantes.

Se você olhar como os antigos astrônomos gregos, poderá imaginar linhas formando a figura do caçador mitológico Órion, que dá nome à constelação, ou seja, a essa região do céu. As Três Marias representam o cinturão de Órion.

Outros exemplos são o Cruzeiro do Sul e Escorpião, constelações facilmente visíveis nas noites de inverno. Usando a imaginação, podemos reconhecer a figura de uma cruz e a de um escorpião.

Ao fazer observações desses conjuntos de estrelas no céu, esteja atento! Com o passar das horas, você terá a impressão de que as estrelas se deslocam no céu à noite no mesmo sentido em que vemos o Sol se deslocar no céu durante o dia.

Em um mês de observação, você também poderá constatar grandes mudanças, por exemplo, na Lua. Conforme os dias passam, ela apresenta um aspecto diferente no céu: são as mudanças de fase da Lua marcadas no nosso calendário.

1 Vamos acompanhar o céu durante uma noite? Observe abaixo três imagens das constelações de Escorpião e do Cruzeiro do Sul feitas na mesma data, mas em horários diferentes.

19 h   21 h   23 h

a) Aponte com setas as constelações de Escorpião e do Cruzeiro do Sul em pelo menos uma dessas imagens.

b) Esclareça a dúvida das crianças abaixo.

> Elementos representados em tamanhos não proporcionais entre si.

Quais são as diferenças entre essas imagens?

O que aconteceu com o Cruzeiro do Sul e com Escorpião com o passar das horas?

Hagaquezart Estúdio/ Arquivo da editora

2 Para localizar estrelas e aprender sobre elas, podemos usar diversos recursos.

Reprodução/https://www.ultimateglobes.com

Os globos celestes mostram todo o céu que se pode ver da Terra.

Narith Thongphasuk/Shutterstock/ Montagem Cesar Wolf

Os planisférios mostram o céu visível em determinado dia e horário.

Shutterstock/Alamy/Montagem Fernanda Crevin

Há aplicativos com mapas do céu para *tablet* e celular.

- Com a ajuda do professor, usem um globo celeste, um planisfério ou um aplicativo de celular para explorar o céu noturno. Procurem as estrelas mais brilhantes: A quais constelações elas pertencem?

Analise a mudança do aspecto da Lua no céu com o passar dos dias indicados no calendário. Em seguida, esclareça as dúvidas das crianças.

Março

Domingo	Segunda-feira	Terça-feira	Quarta-feira	Quinta-feira	Sexta-feira	Sábado
				1	2 Cheia	3
4	5	6	7	8	9 Quarto minguante	10
11	12	13	14	15	16	17 Nova
18	19	20	21	22	23	24 Quarto crescente
25	26	27	28	29	30	31 Cheia

Fotos: Reprodução/ NASA's Scientific Visualization Studio

Qual é a sequência em que mudam as fases da Lua durante o mês?

Em que dia era lua nova?

Quanto tempo levou para a Lua mudar de quarto crescente para cheia?

E quanto tempo levou para mudar de cheia para quarto minguante?

Hapaquezart Estúdio/Arquivo da editora

4 Complete o quadro indicando os dias que marcam as mudanças das fases da Lua durante o mês de abril do calendário a seguir.

Abril

Domingo	Segunda-feira	Terça-feira	Quarta-feira	Quinta-feira	Sexta-feira	Sábado
1	2	3	4	5	6	7
8	9	10	11	12	13	14
15	16	17	18	19	20	21
22	23	24	25	26	27	28
29	30					

Fotos: Reprodução/ NASA's Scientific Visualization Studio

Fase da Lua	Data

5 Com um colega, crie um calendário no caderno para o mês seguinte: maio. Esteja atento à data em que você representará as mudanças de fases da Lua.

O Sistema Solar

Vamos explorar os corpos celestes que compõem o Sistema Solar.

Além de explorar o que há no planeta Terra, também exploramos corpos celestes vizinhos: suas rochas e crateras, seus vulcões e cadeias de montanhas, etc.

Leia a entrevista com um astrônomo e aprenda mais sobre o Sistema Solar.

Com a palavra...

Acervo do autor/Arquivo da editora

... Antônio Mário Magalhães é astrônomo do Instituto de Astronomia, Geofísica e Ciências Atmosféricas (IAG) da Universidade de São Paulo.

O que é Astronomia?

Astronomia é a ciência que estuda tudo o que compõe o Universo, como ele ficou da forma que se conhece e qual será o seu futuro.

A Astronomia estuda o Sistema Solar, a Via Láctea e conjuntos de galáxias (existem muitas outras galáxias além da nossa).

Como é o Sistema Solar?

O Sol corresponde a 99,9% da massa do Sistema Solar. Os oito planetas (Mercúrio, Vênus, Terra, Marte, Júpiter, Saturno, Urano e Netuno) giram ao redor do Sol. Assim como a Terra, vários outros planetas têm seus próprios satélites naturais: as luas. Os satélites são corpos menores que os planetas e os orbitam. Além do Sol, dos planetas e das luas, há também os corpos menores (asteroides, meteoroides e cometas).

Quais corpos do Sistema Solar conseguimos ver no céu?

A olho nu, além da Lua, podemos ver Mercúrio, Vênus, Marte, Júpiter e Saturno. Urano pode ser visto longe da luz das cidades. Podemos ver também meteoroides, que se "desmancham" ao entrar na camada de ar em volta de nosso planeta (tornando-se meteoros ou estrelas cadentes), e os cometas mais brilhantes.

Existem outros "sistemas solares" no Universo?

Sim. Em 2017 eram conhecidas mais de 2500 estrelas com pelo menos um planeta ao seu redor. A grande maioria desses **exoplanetas** é bem diferente da Terra, sendo bem maiores e com a massa mais próxima à de Júpiter.

exoplanetas: planetas que não pertencem ao Sistema Solar.

1 Complete o esquema abaixo com exemplos citados no texto da página anterior de corpos celestes encontrados no Sistema Solar.

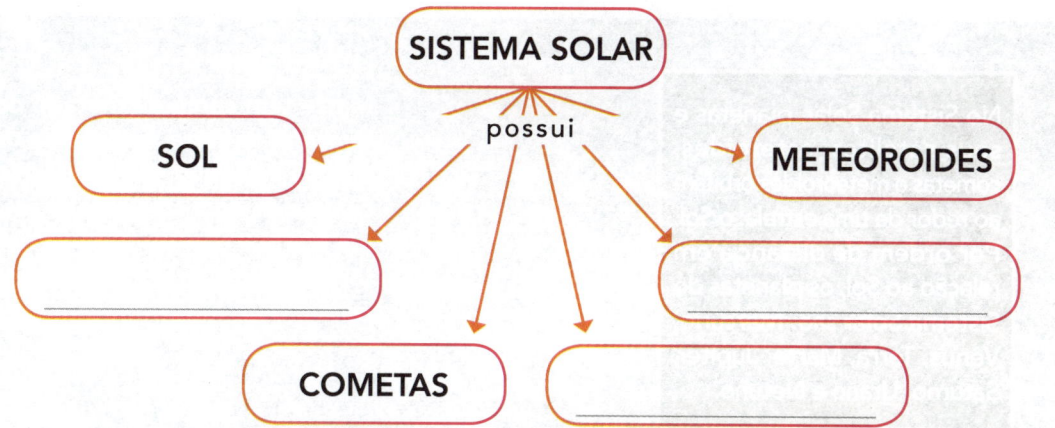

2 Complete o texto abaixo da **Enciclopédia digital das crianças**. Você sabe qual é a diferença entre "lua" e "Lua"?

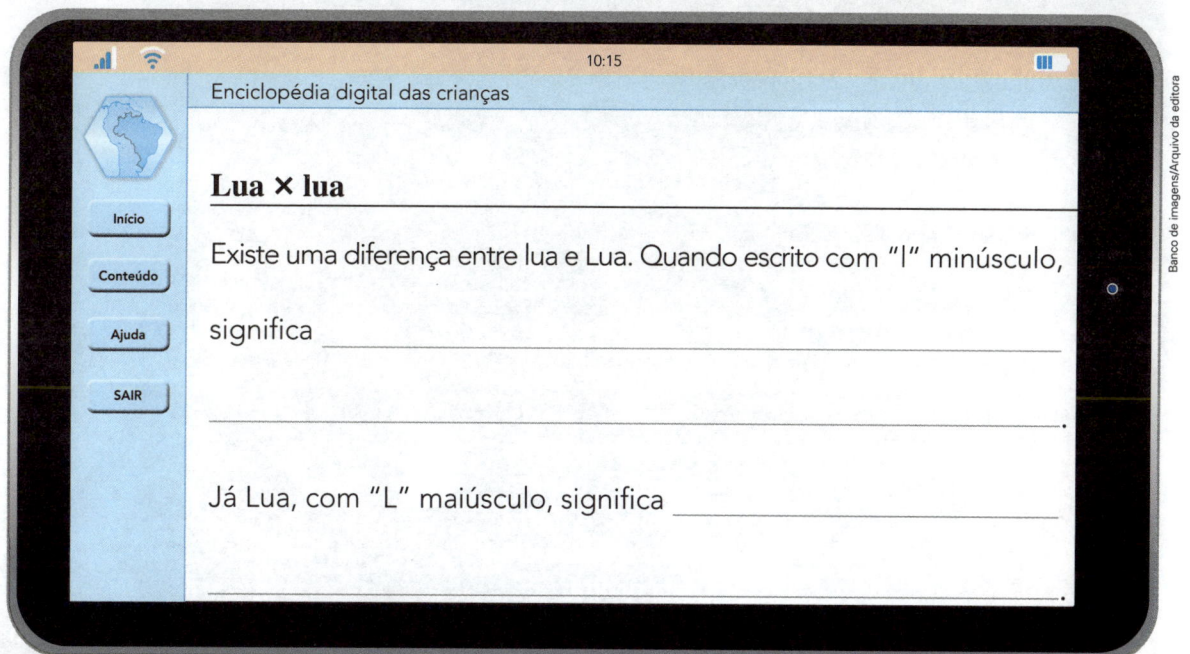

Banco de imagens/Arquivo da editora

3 Analise as afirmações e classifique-as em verdadeiro (V) e falso (F). No caderno, corrija as falsas.

☐ Planetas são maiores do que seus satélites.

☐ Estrelas cadentes são o mesmo que cometas.

☐ Todos os planetas possuem luas.

☐ Além do Sistema Solar onde habitamos, não existem outros no Universo.

Elementos representados em tamanhos e distâncias não proporcionais entre si. As cores representadas não correspondem à realidade.

No Sistema Solar, planetas e seus satélites, asteroides, cometas e meteoroides orbitam ao redor de uma estrela: o Sol. Por ordem de distância em relação ao Sol, os planetas do Sistema Solar são: Mercúrio, Vênus, Terra, Marte, Júpiter, Saturno, Urano e Netuno.

Marte tem cerca de metade do tamanho da Terra. É chamado de planeta vermelho. O maior vulcão conhecido do Sistema Solar está em Marte e tem cerca de 25 quilômetros de altura. O planeta possui duas luas pequenas.

Mercúrio é o planeta mais próximo do Sol. É quente e, se comparado aos outros planetas do Sistema Solar, é pequeno. Não possui atmosfera significativa. Por isso, asteroides e cometas podem se chocar contra sua superfície cheia de crateras.

A Terra possui condições essenciais para a existência da vida tal como a conhecemos. A Terra tem uma lua em sua órbita.

O Sol tem o diâmetro cerca de 110 vezes maior que o da Terra. É formado basicamente de hidrogênio e hélio.

Entre Marte e Júpiter existe um "cinturão de asteroides". Aí, fragmentos rochosos orbitam o Sol.

Vênus tem praticamente o mesmo tamanho da Terra. É um planeta muito quente, com nuvens ácidas e ventos fortes. Possui crateras, vulcões e montanhas. Há áreas com grandes planícies.

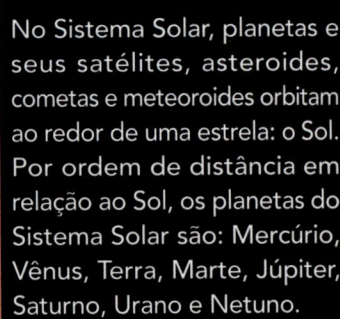

Onde fica o maior vulcão do Sistema Solar?

Em que planeta foi encontrada a Grande Mancha Escura?

Hagaquezart Estúdio/ Arquivo da editora

5 Para explorar mais o Sistema Solar, pesquise outras características dos planetas e compartilhe os resultados com os colegas no Mural da turma.

Paulo Manzi/Arquivo da editora

Júpiter é o maior planeta do Sistema Solar. Há várias luas em sua órbita. Nele, nuvens formam uma tempestade gigantesca chamada Mancha Vermelha, que é cerca de três vezes maior do que o planeta Terra.

Netuno possui várias luas. É possível observar tempestades gigantescas, como a Grande Mancha Escura, que tem o tamanho da Terra. É o planeta mais distante do Sol.

Urano possui uma coloração azul-esverdeada, em virtude da alta incidência de um gás chamado metano. Possui várias luas e anéis de rocha e poeira ao seu redor.

Saturno tem diâmetro aproximadamente nove vezes maior que o da Terra. Em sua órbita há gelo, rochas e partículas pequenas, como poeira, que formam os anéis de Saturno. Em volta desse planeta giram também várias luas.

Hapaquezart Estúdio/Arquivo da editora

> Em que planeta pode ser vista a Mancha Vermelha? O que é essa mancha?

Elementos representados em tamanhos e distâncias não proporcionais entre si. As cores representadas não correspondem à realidade.

Vamos ver de novo?

Neste capítulo você aprendeu que:

- No céu podemos ver diversas constelações.
- A cada semana, aproximadamente, ocorre uma mudança de fase da Lua.
- Os astrônomos estudam, entre outras coisas, o Sistema Solar.
- O Sistema Solar possui uma estrela, planetas, luas, cometas, asteroides e meteoroides.

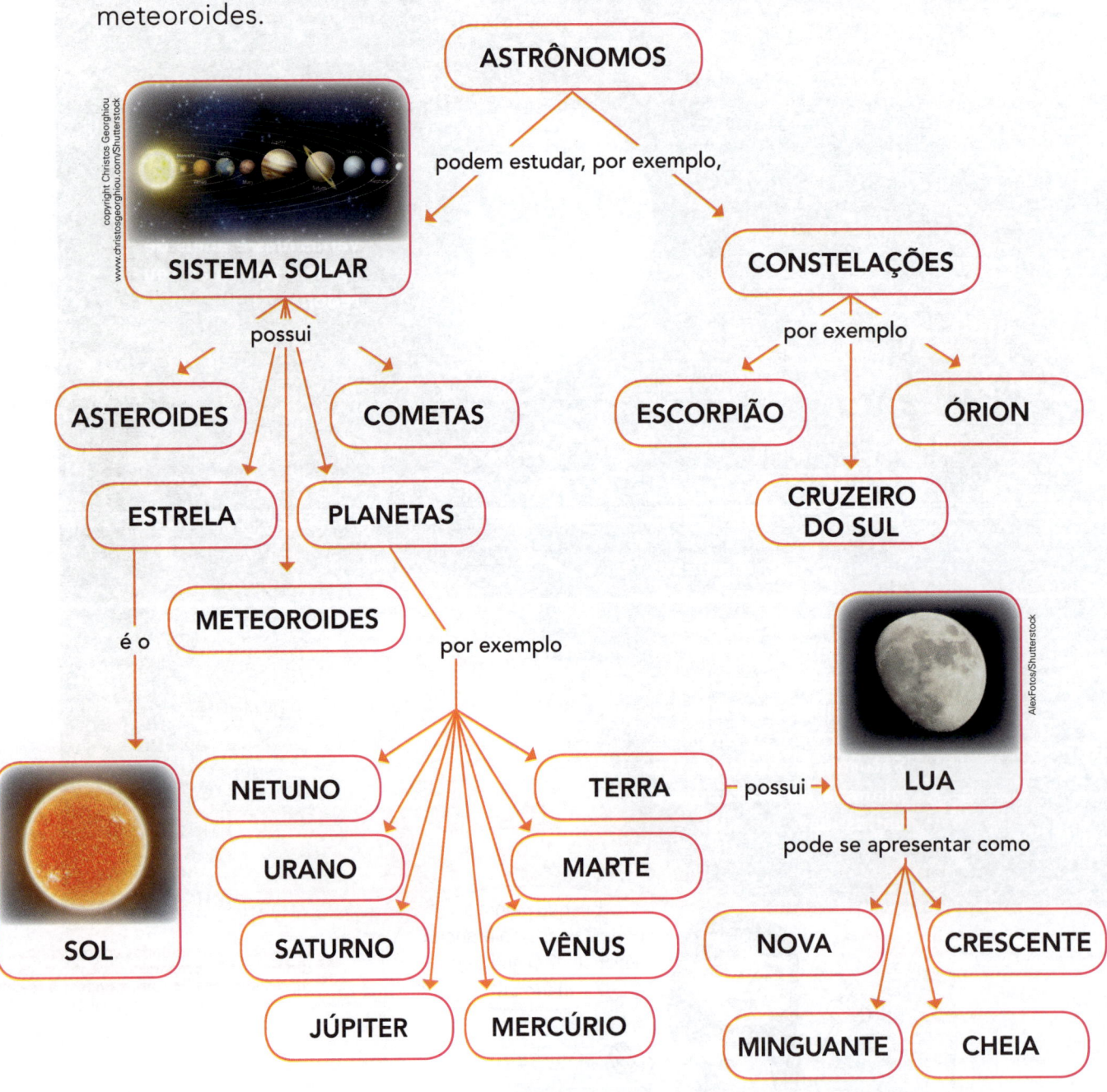

ASTRÔNOMOS

podem estudar, por exemplo,

SISTEMA SOLAR — possui — ASTEROIDES, COMETAS, ESTRELA, PLANETAS, METEOROIDES

CONSTELAÇÕES — por exemplo — ESCORPIÃO, ÓRION, CRUZEIRO DO SUL

ESTRELA é o SOL

PLANETAS por exemplo: NETUNO, URANO, SATURNO, JÚPITER, TERRA, MARTE, VÊNUS, MERCÚRIO

TERRA possui LUA

LUA pode se apresentar como: NOVA, CRESCENTE, MINGUANTE, CHEIA

1. No caderno, faça desenhos representando a constelação de Órion no céu:

   a) Indique as principais estrelas e a figura do caçador delineada por elas.

   b) Represente o aspecto do céu depois de algumas horas: Em que posição você desenhará essa constelação?

2. Complete a cruzadinha e, no caderno, para cada um dos itens, crie frases usando os elementos do banco de palavras.

> planeta   tamanho   anéis   satélite   situado   estrela
> orbitam   seres vivos   próximo   distante   luas

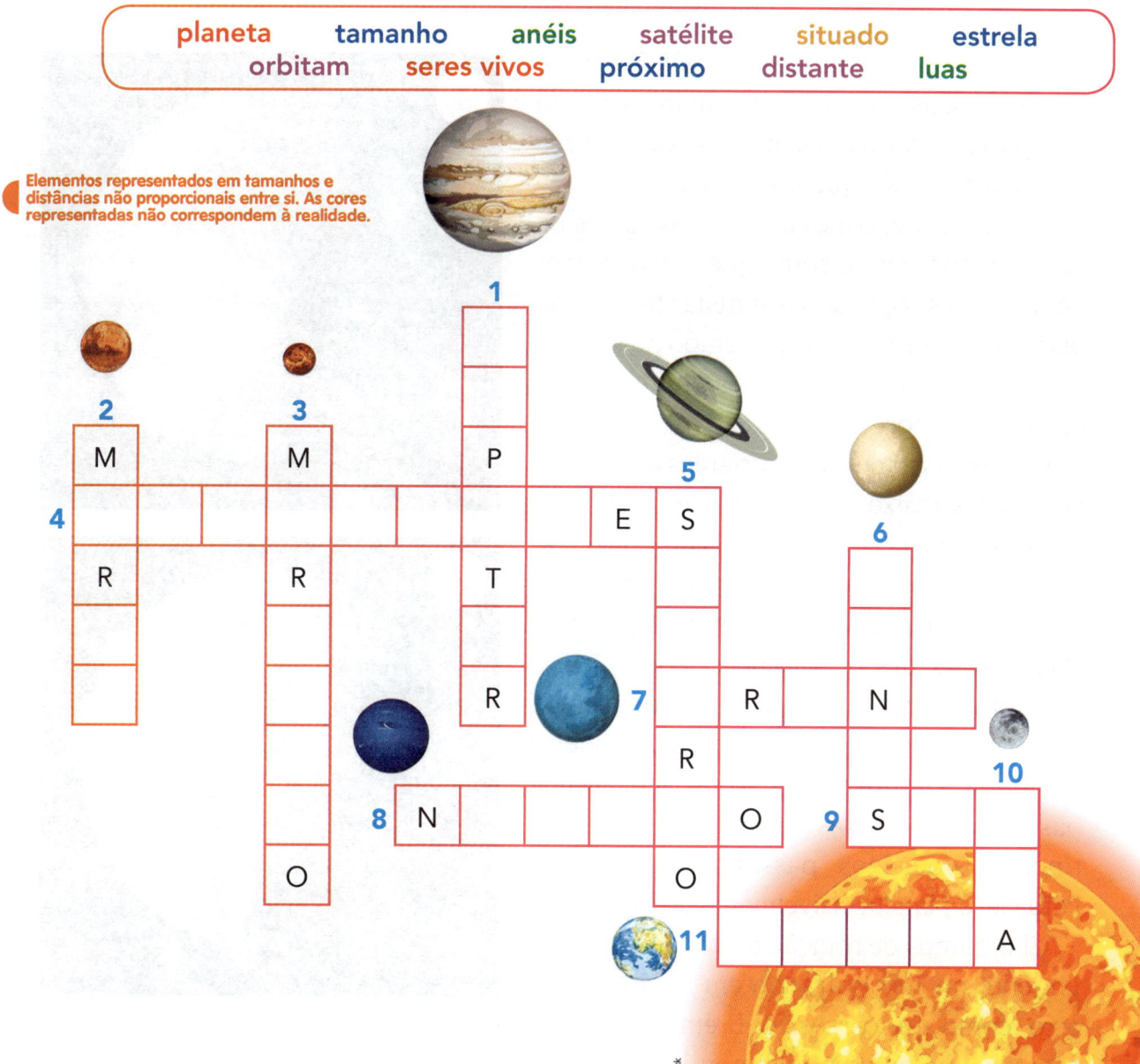

Elementos representados em tamanhos e distâncias não proporcionais entre si. As cores representadas não correspondem à realidade.

Ilustrações: Brovchenko Julia/Shutterstock

Tecendo saberes

1 Leia o texto abaixo e desvende: O que causa os dias e as noites?

O planeta gira

Você já viu o Sol nascer e se pôr. Também viu as estrelas e a Lua surgirem mais a leste e se porem mais a oeste no céu. Mas você já se perguntou por que isso acontece?

Para entender o movimento dos astros no céu, vamos fazer de conta que somos astronautas no espaço. Lá, bem distante, fora do planeta, vamos ficar algum tempo no mesmo local, tirando fotografias dos continentes e oceanos, de hora em hora.

Em nossas fotografias veríamos algo como as imagens abaixo. Repare que sempre há uma parte do planeta iluminada pela luz do Sol: ela é mais clara, ou seja, nessa região é dia. A outra parte do planeta não é iluminada pelo Sol: ela é mais escura, ou seja, nela é noite.

Agora, compare a posição dos oceanos e dos continentes indicados em cada imagem: ela muda! De um ponto do espaço, com o passar do tempo, o astronauta pode ver continentes e oceanos passando diante dele. Para ele, o planeta visivelmente está girando.

Chamamos de rotação terrestre esse movimento da Terra girando em torno de seu eixo, como um carrossel. É em virtude da rotação que os dias e as noites passam, aproximadamente, a cada 24 horas. É também por causa dela que as estrelas parecem se mover no céu.

Aqui, na superfície da Terra, nós giramos com ela. Agora, você consegue explicar por que vemos o Sol nascer e se pôr?

Texto do autor.

Imagens: ttoOnz/Alamy/Fotoarena

2 Teste seus conhecimentos geográficos e identifique as regiões que aparecem nas imagens da página anterior. Analise onde é dia e onde é noite e, depois, complete o quadro abaixo.

Imagem	Regiões e oceanos onde é dia	Regiões e oceanos onde é noite
1		
2		

3 Procure nos dicionários sinônimos para as expressões **nascer do sol** e **pôr do sol**. Depois, reescreva o último parágrafo do texto usando um dos termos que você encontrou.

Sinônimos	
Nascer do sol	Pôr do sol

4 Imagine uma pessoa parada sobre a linha do equador. Uma volta completa no planeta, pela linha do equador, tem cerca de 40 000 km. Considerando essas informações, calcule a velocidade com que a pessoa está "girando".

5 No caderno, faça um desenho para ilustrar o quinto parágrafo do texto da página anterior.

O que estudamos

Nesta unidade:

- Aprendemos que as áreas verdes podem ter composição de vegetação bem característica e podem se tornar unidades de conservação, como é o exemplo dos parques nacionais.

- Vimos que o planeta Terra tem o formato arredondado, possui oceanos e continentes.

- Exploramos algumas constelações e analisamos a posição das estrelas no céu durante a noite.

- Vimos que o aspecto da Lua no céu muda com o passar dos dias.

- Conhecemos melhor o Sistema Solar, que possui uma estrela (o Sol), planetas, luas, cometas, asteroides e meteoroides.

Observe as imagens a seguir e relembre o que estudou. Depois, converse com os colegas e com o professor sobre o que você aprendeu nesta unidade que antes não sabia.

Você...

Registre suas ideias no caderno.

... estudou o aspecto da vegetação de áreas verdes e conheceu alguns parques nacionais.

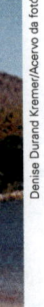

... aprendeu que a vegetação de áreas protegidas pode se recompor com o passar do tempo.

... conheceu a história de exploradores e analisou mapas e imagens da Terra.

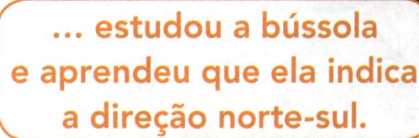

... estudou a bússola e aprendeu que ela indica a direção norte-sul.

... aprendeu a reconhecer conjuntos de estrelas no céu noturno.

... explorou o Sistema Solar com um astrônomo.

Para refletir e conversar

Folheie as páginas anteriores e reflita sobre valores, atitudes e o que você sentiu e aprendeu nesta unidade:

- O que você acha que pode fazer por alguma área verde dentro ou próximo da sua escola?

- Ao estudar esta unidade, você sentiu curiosidade de visitar um parque nacional ou estadual? Qual parque você gostaria de conhecer?

- Você gosta de brincar de exploração: do Universo ou dos mares? O que você sente nesses momentos? Como você acha que os exploradores se sentem?

2 O corpo dinâmico

- O que deve estar acontecendo com a respiração e os batimentos cardíacos destas crianças?
- Você sabe como é possível cuidar da saúde do coração?
- Se você estivesse desenhado nesta imagem, gostaria de estar fazendo qual atividade física?

CUIDADOS COM O CORAÇÃO

Movimente-se

 Como você se sente ao praticar atividades físicas?

Para iniciar

Neste capítulo vamos estudar algumas coisas que acontecem com nosso corpo quando praticamos atividades físicas. Também reconheceremos o gasto energético associado a diferentes atividades do dia a dia.

- Quais são as atividades físicas que você faz no seu cotidiano? Você acha que é preciso muita ou pouca energia para realizar essas atividades?

- No caderno, escreva um pequeno texto explicando o que você acha que acontece com seu corpo quando pratica esportes.

- Troque ideias com os colegas: Quantas vezes você acha que o coração de uma pessoa bate em 1 minuto? E quantos movimentos respiratórios fazemos nesse mesmo intervalo de tempo?

Atividade prática

Que tal medir quantas vezes seu coração bate e quantos movimentos respiratórios você realiza por minuto? Que resultados você espera obter em diferentes situações: em repouso e após fazer uma atividade física?

Como fazer

1. Para medir a **pulsação**, você deve colocar os dedos indicador e médio em um dos pontos indicados na foto: você sentirá esses pontos pulsando.

> **pulsação:**
> em Medicina, batimento ritmado, como o percebido no coração.

lateral do pescoço, logo abaixo de um dos ossos da face

pulsos

parte interna dos tornozelos

Fotos: Fernando Favoretto/Criar Imagem

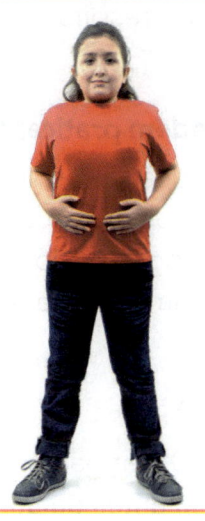
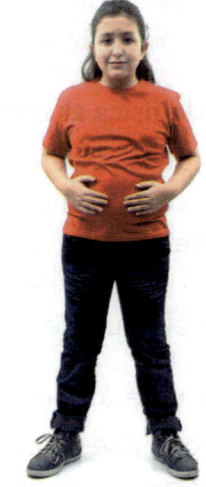

2. Para contar os movimentos respiratórios, coloque as mãos sobre a barriga ou o peito. Um movimento respiratório completo ocorre cada vez que inspiramos o ar e, em seguida, o expiramos.

3. Com os colegas, faça uma atividade física intensa (dançar, pular corda, correr, etc.) por 1 minuto. Imediatamente depois, meça os batimentos do coração e os movimentos respiratórios.

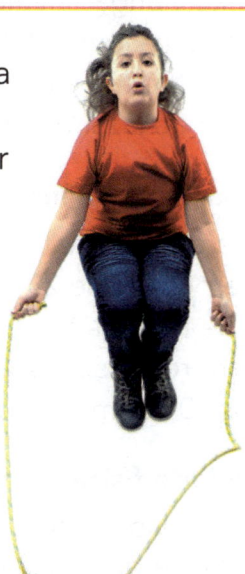

4. Descanse 5 minutos e meça novamente os batimentos cardíacos e os movimentos respiratórios. Houve diferença nas medições?

Atividade física

Vamos investigar os batimentos cardíacos e os movimentos respiratórios.

Você costuma praticar atividades físicas? Como se sente durante a atividade? Para conhecer mais sobre o nosso corpo e o que acontece quando praticamos atividades físicas, leia esta entrevista com um professor de Educação Física.

Com a palavra...

Acervo do autor/Arquivo da editora

... Diogo Inácio Dias, professor de Educação Física.

Por que é importante praticar atividades físicas?

A prática de atividades físicas deixa o coração mais forte para bombear sangue pelo corpo, deixa os músculos preparados para os movimentos e melhora a respiração. Além disso, é bastante prazerosa e divertida.

E que tipos de atividade física as crianças podem praticar?

Crianças podem praticar diversas atividades físicas, individualmente (como natação, atletismo, etc.) ou em grupo (como andar de bicicleta com os amigos, jogar futebol, vôlei, basquete, etc.). O importante é buscar uma atividade de que você goste e pela qual se interesse.

Que cuidados devemos ter ao começar a fazer uma atividade física?

Antes de iniciar, devemos preparar nosso corpo para essa atividade. O alongamento (que é esticar nossos músculos) não precisa obrigatoriamente ser feito antes da atividade física, mas deve ser feito depois, como uma forma de relaxar e iniciar o processo de descanso do nosso corpo. Porém, antes de tudo, é importante certificar-se com um médico de que não existe nada que o impeça de fazer determinada atividade física.

Durante a atividade física, qual o valor normal da frequência de batimentos cardíacos?

O valor pode mudar muito de pessoa para pessoa e também depende da atividade física que se pratica. Por exemplo, uma pessoa de 20 anos de idade, praticando uma atividade intensa como a natação, pode ter uma frequência cardíaca de mais ou menos 200 batimentos por minuto. Mas, em repouso, essa mesma pessoa pode ter uma frequência cardíaca de mais ou menos 70 batimentos por minuto.

Qual é o segredo para praticar uma atividade física com regularidade?

Acredito que o segredo para iniciar uma atividade física e, mais importante, continuar a praticá-la, é buscar algo que o motive e que você realmente goste de fazer. Eu, por exemplo, pratico capoeira há alguns anos. Adoro a capoeira.

1 Dê a sua contribuição para o **Dicionário científico das crianças**. Explique cada um dos termos abaixo.

d
e
expiração: _____
f
g

_____

h
inspiração: _____
i
j
k

Banco de imagens/ Arquivo da editora

2 Assinale com um X as frases que **não** correspondem ao que o professor de Educação Física afirmou em sua entrevista e reescreva-as corretamente no caderno.

a) ☐ Não é normal ocorrer uma alteração dos ritmos cardíaco e respiratório durante a atividade física.

b) ☐ Praticar atividades físicas deixa os músculos preparados para os movimentos.

c) ☐ É importante certificar-se com um médico de que não existe nada que o impeça de fazer determinada atividade física.

d) ☐ Para praticar atividades físicas devemos obrigatoriamente ir a uma academia de ginástica.

3 Com dois colegas, façam um cartaz incentivando as crianças da escola a praticar atividades físicas regularmente. Veja como ficou o cartaz feito por um grupo de alunos.

Movimente-se!
Escolha uma atividade de que goste. Mantenha um ritmo confortável no início.

Hagaquezart Estúdio/Arquivo da editora

4 Ajude os alunos a terminar o relatório abaixo. Para preencher o quadro que eles montaram, meça você mesmo seus batimentos cardíacos e movimentos respiratórios. Se necessário, releia as instruções da página 53.

Fernando Favoretto/Criar Imagem

Problema investigado: Em um minuto, quantas vezes o coração bate e quantos movimentos respiratórios realizamos? Esses números podem variar?

O que fizemos: Foi medido o

O que observamos: No quadro abaixo é apresentado

> Compartilhe seu quadro com os colegas e observe os dados obtidos por eles.

	Andando	Sentado ou lendo	Logo após ter corrido	Deitado, antes de dormir
Número de batimentos cardíacos por minuto				
Número de movimentos respiratórios por minuto				

O que concluímos: Parece existir uma relação entre o

5 Analise o que as crianças estão conversando: Se começaram a praticar uma mesma atividade física, por que será que nas primeiras aulas uma delas se sentiu mal e a outra não?

Eu me senti muito bem logo nas primeiras aulas de natação.

Quando eu comecei a nadar, parecia que meu coração ia sair pela boca!

_____
_____
_____
_____
_____
_____
_____
_____

6 Analise os dados apresentados no quadro abaixo e esclareça as dúvidas destas crianças.

	Número de batimentos cardíacos em 1 minuto	Número de movimentos respiratórios em 1 minuto
Deitado	70	_____
Após corrida moderada	100	20

Em que situação foi observado o maior número de batimentos cardíacos? Qual foi esse valor?

Qual número, provavelmente, preencheria a lacuna desse quadro? Seria maior ou menor do que 20?

Energia para viver

Feche os olhos e imagine coisas bem diferentes: um motor funcionando, um animal pulando, uma lâmpada acendendo. Você sabe explicar o que é necessário para que cada uma dessas coisas ocorra?

A resposta é: **energia**.

Dizemos que o funcionamento do coração, o de um aparelho de som ou o de uma turbina de avião são exemplos de trabalho. E, como todo trabalho precisa de energia para ser realizado, então podemos definir energia como a capacidade de realizar **trabalho**!

Nós mesmos precisamos de energia para tudo: para enxergar, comer, pensar, brincar, correr, dormir, dar risada, ouvir uma música...

A quantidade de energia para a realização de diferentes atividades pode ser medida em **calorias**.

E a energia pode ser obtida de várias fontes. Os alimentos, que são transformados dentro do nosso corpo, podem ser considerados fonte de energia, por exemplo. Usamos essa energia para coisas básicas, como manter a temperatura corporal.

Esse é um dos motivos pelos quais você deve se alimentar direito. Afinal, como você já deve ter ouvido falar alguma vez em sua vida: Os alimentos servem de combustível para o funcionamento do corpo.

1. Observe algumas atividades ilustradas nesta página. Troque ideias com um colega e numere as atividades em ordem crescente, ou seja, da que gastamos menos energia para a que gastamos mais energia.

Ilustrações: Hagaquezart Estúdio/Arquivo da editora

2 Nesta página e na próxima, explore a edição especial do jornal que trata do tema "Atividade física e energia".

DIÁRIO DA SAÚDE

Atividade física e energia

Na edição de hoje vamos mostrar quanta energia seu corpo consome em diferentes atividades e vamos conhecer a dieta e as necessidades energéticas de um grande atleta.

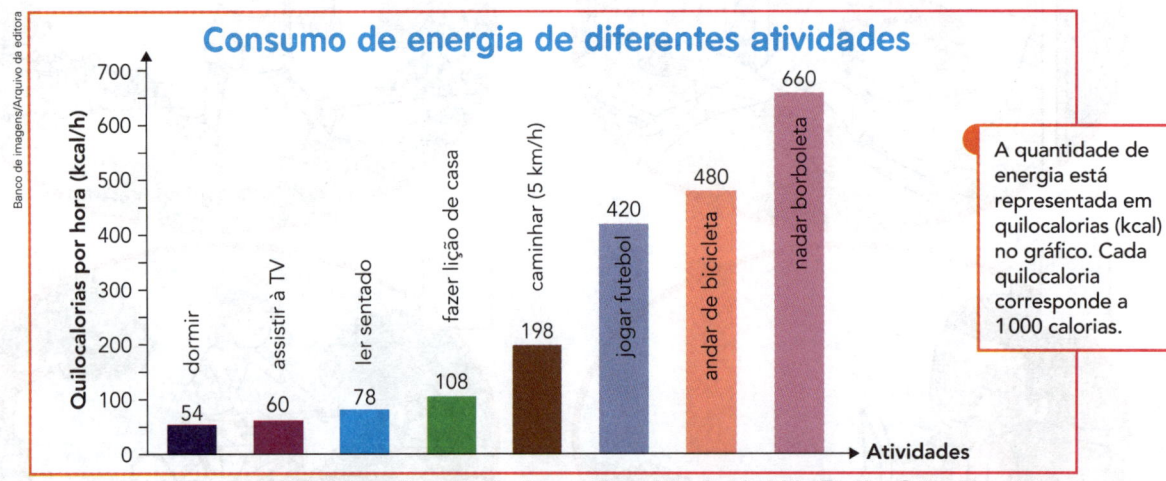

Consumo de energia de diferentes atividades

Quilocalorias por hora (kcal/h):
- dormir: 54
- assistir à TV: 60
- ler sentado: 78
- fazer lição de casa: 108
- caminhar (5 km/h): 198
- jogar futebol: 420
- andar de bicicleta: 480
- nadar borboleta: 660

A quantidade de energia está representada em quilocalorias (kcal) no gráfico. Cada quilocaloria corresponde a 1 000 calorias.

Elaborado com base em: **The Compendium of Physical Activities Tracking Guide**. Disponível em: <http://prevention.sph.sc.edu/tools/docs/documents_compendium.pdf>. Acesso em: jan. 2018.

8:00 INÍCIO — 9:00 FIM — 108 kcal

9:15 INÍCIO — 9:45 FIM

10:00 INÍCIO — 11:00 FIM

11:15 INÍCIO — 11:45 FIM

a) Na tirinha acima, observe os horários em que as atividades foram feitas. Calcule então o gasto energético e escreva o resultado embaixo de cada quadrinho.

b) Termine de completar os quadros, que apresentam os dados do gráfico acima.

Atividade	Gasto energético (kcal/h)
Dormir	54
Assistir à TV	
Ler sentado	
Fazer lição de casa	

Atividade	Gasto energético (kcal/h)
Caminhar (5 km/h)	
Jogar futebol	
Andar de bicicleta	
Nadar borboleta	

3 Leia o texto abaixo.

Michael Phelps e sua dieta

Nadador já declarou que só come, dorme e nada

Se você acordasse hoje, fosse almoçar com Michael Phelps e tentasse acompanhá-lo na mesa (já que na piscina está difícil...), provavelmente terminaria o seu dia em uma maca de hospital com indigestão. [...]

Michael Phelps durante competição nas Olimpíadas do Rio de Janeiro, em 2016.

Ao todo, a alimentação de Phelps leva seis vezes mais calorias do que a de um "reles mortal" como eu e você.

O café da manhã [...] começa com dois copos de café e três sanduíches de ovo frito recheados com queijo, tomates, cebolas fritas, alface e maionese. [...] O almoço é macarrão enriquecido e dois sanduíches de presunto e queijo com maionese em pão branco, acompanhados de bebidas energéticas. O energético volta no jantar, quando Phelps fecha o dia com uma *pizza* (inteira) e meio quilo de macarrão.

"Comer, dormir e nadar, é tudo o que eu faço", disse o ás da natação. E é tudo o que ele deve fazer, segundo o técnico William Morales Manso, que [...] trabalha com medicina esportiva na Universidade Federal de São Paulo (Unifesp). [...]

A natação é um esporte no qual o gasto calórico é imenso. Apenas entrar na piscina, sem dar uma braçada sequer, já acelera o metabolismo – que precisa manter os órgãos aquecidos na temperatura mais baixa.

Agora, o que acontece se você resolver seguir o mesmo cardápio? "A matemática é implacável. Se você consome mais calorias do que gasta de energia com suas atividades diárias, o excedente vira gordura. Não tem jeito", explica Manso.

JUSTE, M. Para pessoa comum, dieta de Phelps é recorde garantido de obesidade. **G1**. Disponível em: <http://g1.globo.com/Noticias/Ciencia/0,,MUL723694-5603,00-PARA+PESSOA+COMUM+DIETA+DE+PHELPS+E+RECORDE+GARANTIDO+DE+OBESIDADE.html#:~:text=Para%20pessoa%20comum%2C%20dieta%20de%20Phelps%20%C3%A9%20recorde%20garantido%20%2D%2D,renderia%20uma%20visita%20ao%20hospital>.

- Troque ideias com os colegas e esclareça a dúvida deste aluno. Depois, registre sua resposta abaixo.

O que aconteceria se minha alimentação fosse parecida com a do nadador Michael Phelps?

_____

_____

_____

_____

Vamos ver de novo?

Neste capítulo você aprendeu que:

- A prática de atividades físicas contribui para a saúde.

- O número de batimentos cardíacos e de movimentos respiratórios aumenta conforme a atividade física fica mais intensa.

- Diferentes atividades diárias demandam diferentes gastos energéticos.

- A energia pode ser medida em calorias.

- Os alimentos podem ser considerados fonte de energia para o corpo.

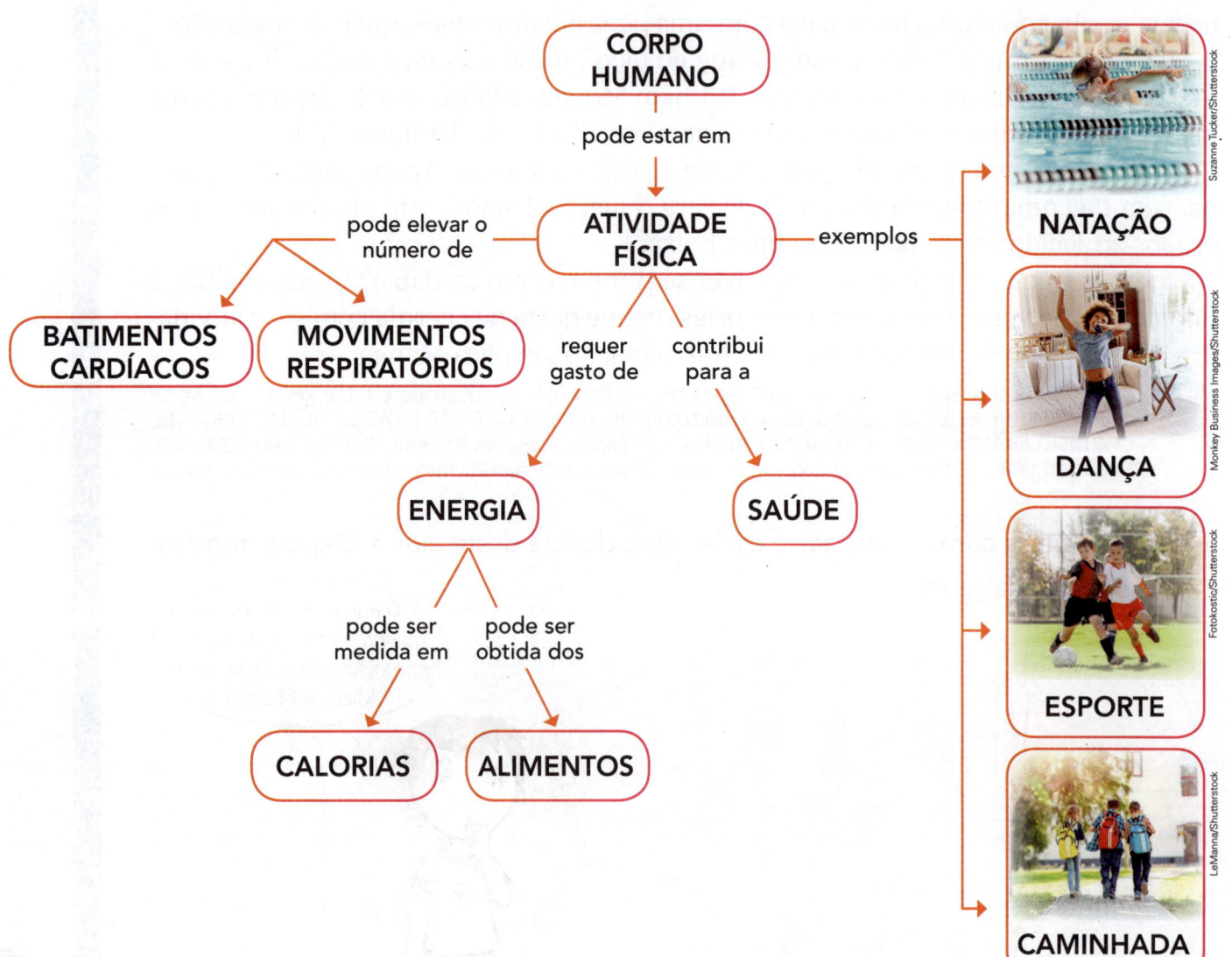

CORPO HUMANO

pode estar em

ATIVIDADE FÍSICA — exemplos →

pode elevar o número de

BATIMENTOS CARDÍACOS

MOVIMENTOS RESPIRATÓRIOS

requer gasto de

ENERGIA

contribui para a

SAÚDE

pode ser medida em

pode ser obtida dos

CALORIAS

ALIMENTOS

NATAÇÃO

DANÇA

ESPORTE

CAMINHADA

Suzanne Tucker/Shutterstock

Monkey Business Images/Shutterstock

Fotokostic/Shutterstock

LeManna/Shutterstock

1 Dê a sua contribuição para o **Dicionário científico das crianças**, explicando os termos abaixo.

caloria: _____

_____

_____

b
c
d
e
f
g

energia: _____

_____

_____

d
e
f
g
h
i

2 Você concorda com a ideia abaixo ou discorda dela? Explique a sua resposta.

_____

_____

_____

_____

_____

_____

_____

_____

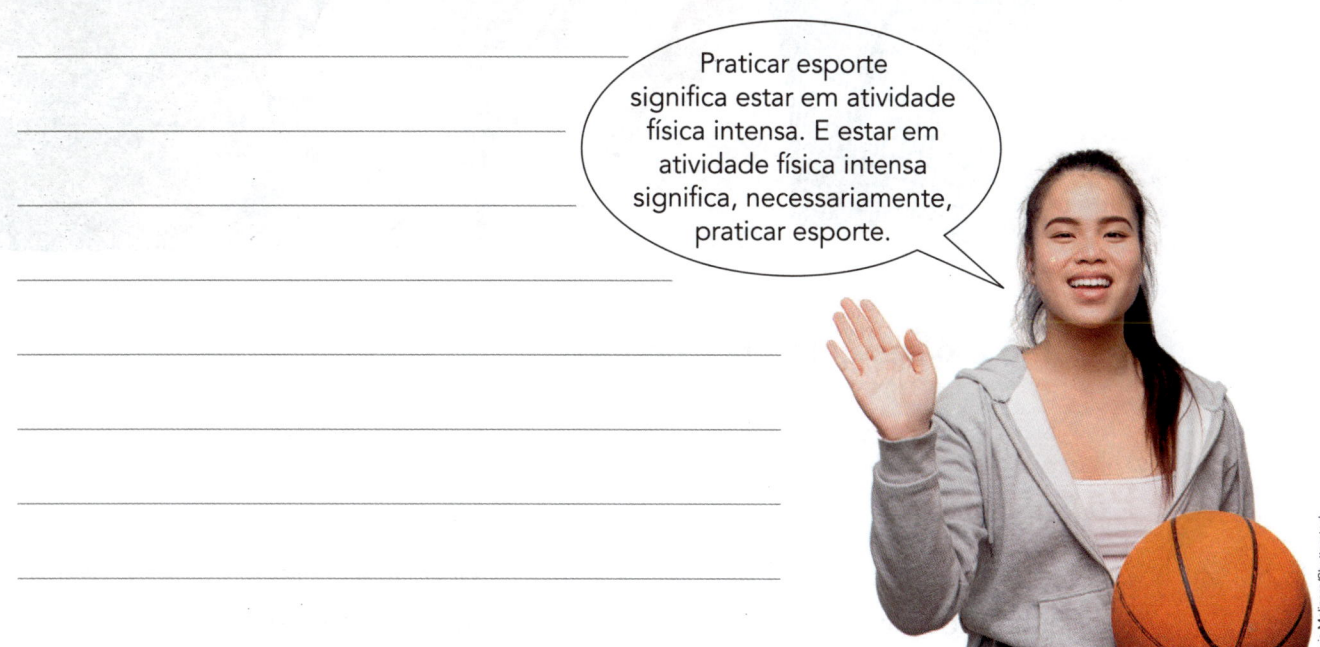

Praticar esporte significa estar em atividade física intensa. E estar em atividade física intensa significa, necessariamente, praticar esporte.

3 Analise o quadro abaixo. Na sua opinião, ele está ou não coerente com o que você aprendeu neste capítulo? Explique no caderno.

Atividade	Número de batimentos cardíacos por minuto	Número de movimentos respiratórios por minuto
Ler sentado	120	23
Andar de bicicleta	70	12

5

Por dentro do corpo

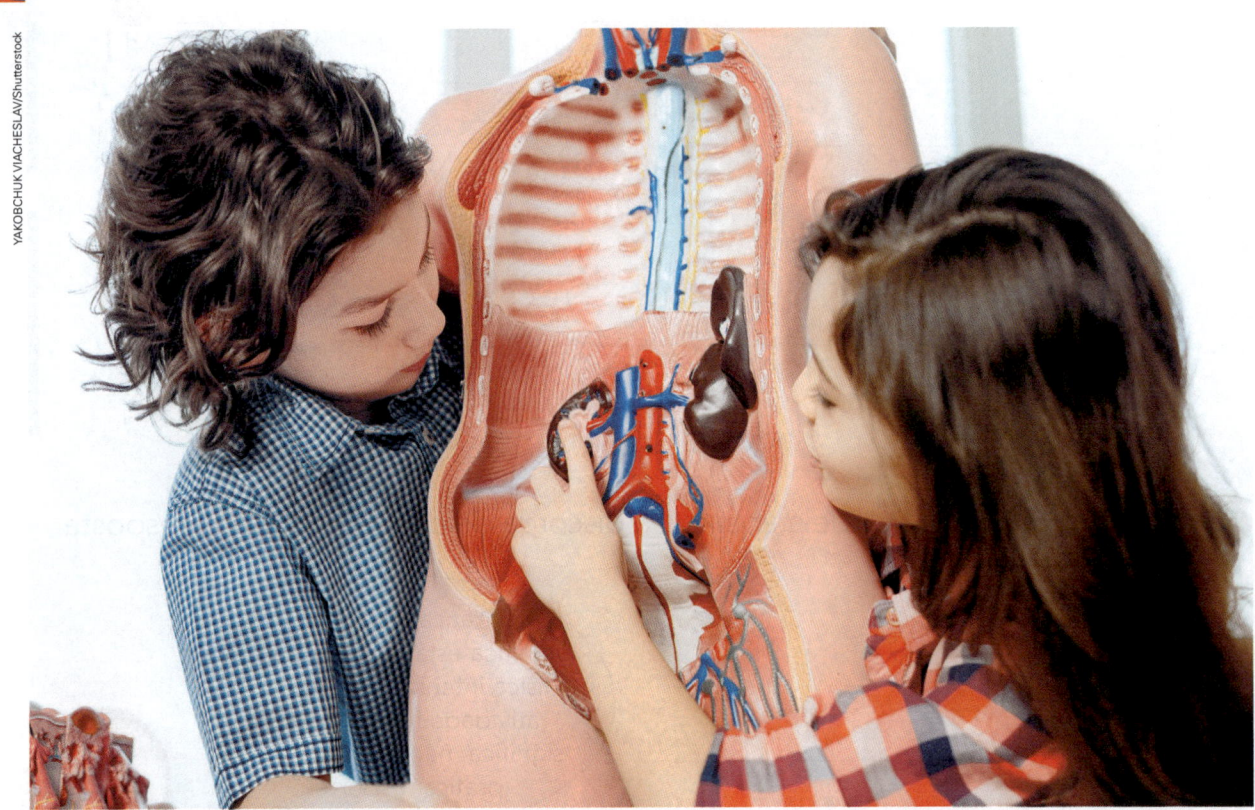

YAKOBCHUK VIACHESLAV/Shutterstock

 Como é o seu corpo por dentro?

Para iniciar

Neste capítulo, vamos estudar estruturas do corpo relacionadas à respiração, à digestão dos alimentos e à circulação do sangue. Conheceremos também alguns dos componentes do sangue e como surge um novo ser.

- Desenhe no caderno um contorno do corpo humano e indique onde você acha que se localizam o coração, os vasos sanguíneos e os pulmões. Represente também o que você acha que existe dentro da barriga.

- Converse com os colegas e o professor e responda: Que tarefa importante você acha que a "barriga" realiza para o corpo?

- Troque ideias com os colegas: Por que será que o sangue é vermelho?

Atividade prática

Vamos fazer desenhos que representam o corpo humano? Para isso vamos utilizar um recurso usado por muitos artistas no passado: uma câmera escura!

Material
- Caixa de papelão com tampa
- Fita adesiva
- Papel vegetal
- Tesoura com pontas arredondadas

Como fazer

1. Comece a fazer uma câmera escura: recorte um dos lados da caixa de papelão.

Fotos: Sergio Dotta/Arquivo da editora

2. Coloque papel vegetal no lugar da parte recortada.

3. Do lado oposto, faça um pequeno furo (cerca de 2 mm) bem no centro. Depois, tampe a caixa.

4. Aponte a câmera escura para o modelo a ser reproduzido e desenhe a imagem que aparece no papel vegetal.

Experimente variar o tamanho do furo: O que acontece?

Pulmões e coração

Você sabe por onde passa o ar que inspiramos? E o que existe dentro do coração?

Elementos representados em tamanhos não proporcionais entre si.

Para aprender mais sobre a respiração e a circulação, vamos ler vários textos curtos. Durante a leitura, procure desvendar: Quantos pulmões temos? Quantos litros de sangue há no corpo? O que são artérias?

Nariz – apresenta uma série de espaços internos chamados cornetos ou conchas nasais. Ao entrar pelo nariz, o ar é aquecido, umidificado e filtrado.

Traqueia – é uma espécie de tubo por onde passa o ar que entra no corpo pela boca ou pelo nariz. Ela se ramifica em tubos cada vez mais estreitos.

Pulmões – ocupam quase toda a cavidade torácica. Temos dois pulmões; o pulmão direito é um pouco maior do que o esquerdo.

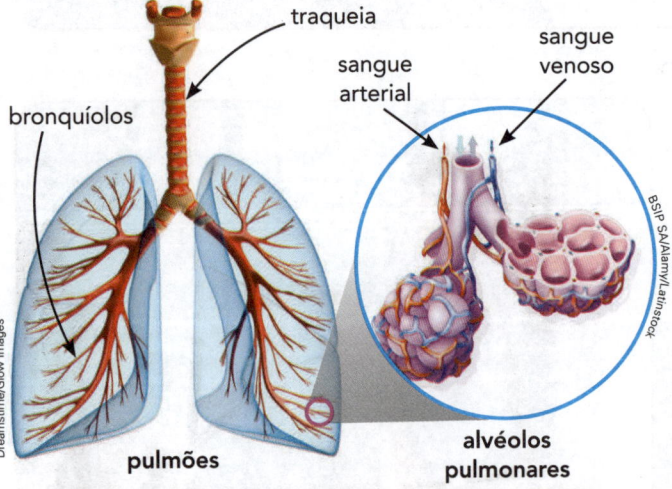

traqueia

bronquíolos

pulmões

sangue arterial

sangue venoso

alvéolos pulmonares

Alexandr Mitiuc/Dreamstime/Glow Images

BSIP SA/Alamy/Latinstock

Alvéolos pulmonares – são "sacos" microscópicos cheios de ar. Fazem parte dos pulmões. Nos alvéolos, ocorrem as trocas gasosas: o oxigênio do ar passa para o sangue e o gás carbônico passa do sangue para os pulmões.

Muco – quando inspiramos, o ar entra no corpo e segue até os pulmões. No nariz, na traqueia e nos pulmões existe muco, no qual ficam retidas partículas que estão no ar.

Sebastian Kaulitzki/Shutterstock/Glow Images

Coração – apresenta paredes formadas por músculos. Dentro dele, existem quatro cavidades cheias de sangue. As duas cavidades de cima são chamadas de átrios; as duas de baixo são chamadas de ventrículos. Ao contrair, o coração empurra o sangue para fora dele, funcionando como uma bomba. Há válvulas que abrem e fecham, fazendo o sangue fluir apenas em um sentido.

Vasos sanguíneos – o sangue fica dentro de tubos, que percorrem todo o corpo. São os vasos sanguíneos. As artérias são vasos sanguíneos por onde o sangue sai do coração. As veias são vasos sanguíneos por onde o sangue segue o caminho de retorno ao coração.

Artéria aorta – é um grande vaso sanguíneo do corpo humano. Ela tem várias ramificações: algumas vão para a cabeça; outras para os braços, abdômen e pernas.

Sangue – possui diversos elementos e transporta substâncias, como os nutrientes obtidos da digestão e o oxigênio obtido da respiração.
O sangue circula pelo corpo abastecendo-o com essas substâncias. Pelo sangue também são transportadas substâncias que podem ser eliminadas do corpo, como o gás carbônico.

Circulação – o sangue sai do coração e segue para todas as partes do corpo. Depois, retorna ao coração, onde é novamente bombeado. Em cerca de um minuto, todo o sangue de um adulto (algo entre 5 a 6 litros) passa pelo coração e circula pelo corpo.

Elementos representados em tamanhos não proporcionais entre si.

veia cava superior

artéria aorta

átrio esquerdo

átrio direito

ventrículo esquerdo

ventrículo direito

veia cava inferior

Alila Medical Images/Shutterstock/Glow Images

1 Termine os esquemas que começaram a ser feitos para sintetizar algumas das informações dos fragmentos de texto.

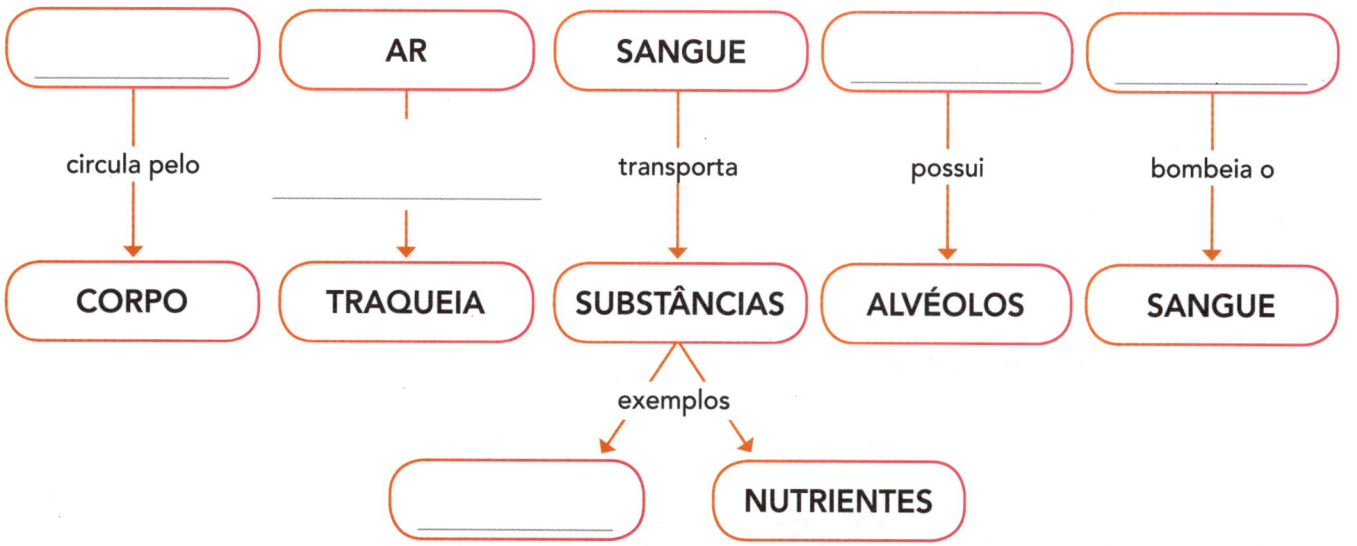

| | AR | SANGUE | | |

circula pelo — CORPO

_____ — TRAQUEIA

transporta — SUBSTÂNCIAS

possui — ALVÉOLOS

bombeia o — SANGUE

SUBSTÂNCIAS — exemplos — _____ / NUTRIENTES

2 Ajude os alunos a terminar o cartaz "Coração e pulmões" a seguir. Comece nomeando as estruturas – indicadas pelas setas – relacionadas à respiração e à circulação.

3 Depois, escreva uma explicação para os termos nos bilhetes.

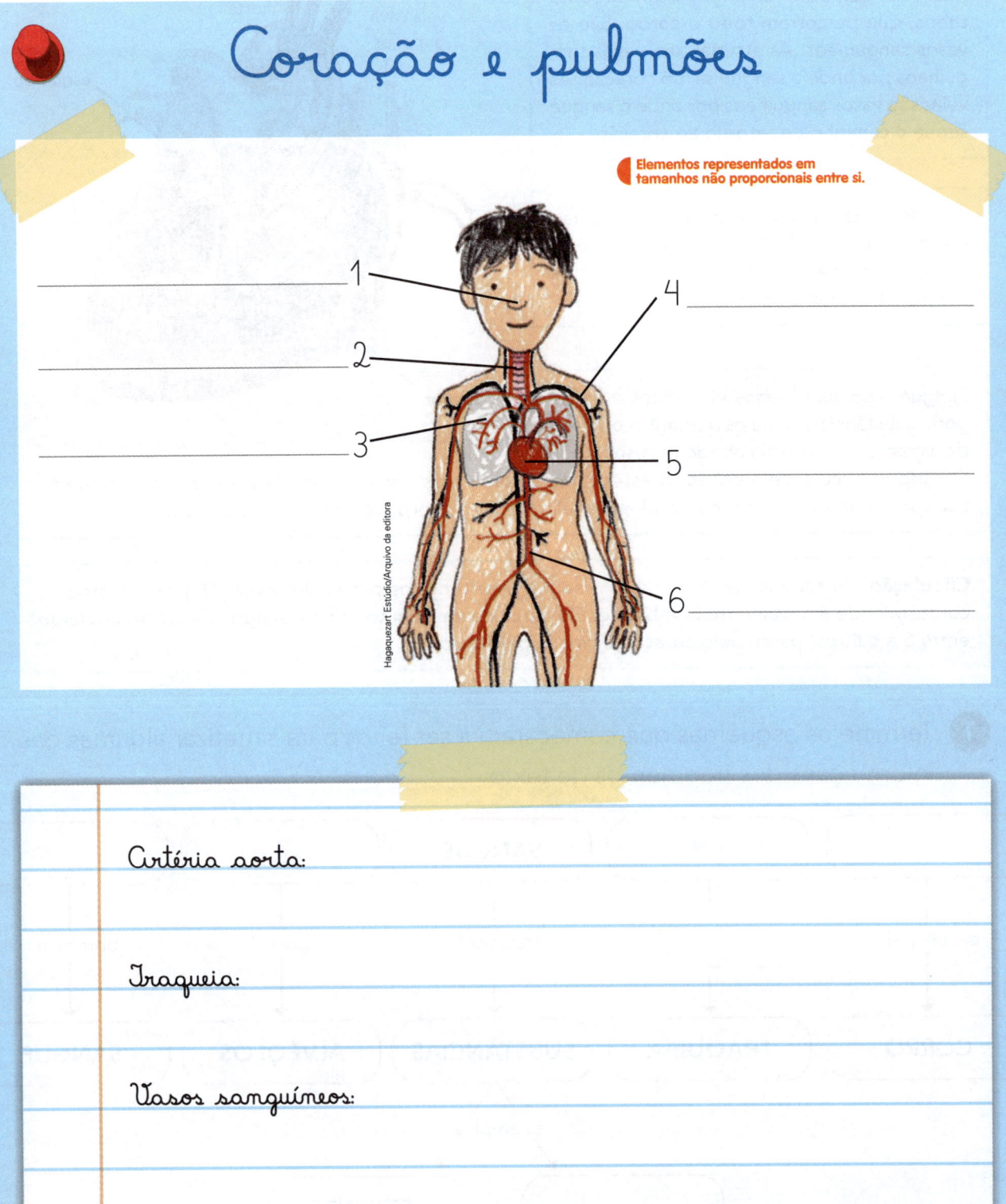

Coração e pulmões

Elementos representados em tamanhos não proporcionais entre si.

1 _____

2 _____

3 _____

4 _____

5 _____

6 _____

Hagaquezart Estúdio/Arquivo da editora

Artéria aorta:

Traqueia:

Vasos sanguíneos:

4 Complete o resumo com informações sobre o coração e os pulmões, disponível no cartaz.

> Mostre seu resumo aos colegas e veja o que eles escreveram.

Resumo sobre o coração e os pulmões

Como são os pulmões?

Como é o coração por dentro?

Por onde o ar passa quando inspiramos?

O que acontece quando o coração bate?

Para onde vai o oxigênio do ar que inspiramos?

Para onde vai o sangue que sai do coração pela artéria aorta?

Por dentro da barriga

Vamos estudar estruturas do corpo que atuam na digestão dos alimentos.

Imagine que você acabou de comer. Você sabe por onde esse alimento vai passar? E o que acontecerá com ele dentro do seu corpo?

A digestão é um processo no qual os alimentos são quebrados e transformados em partículas mais simples, que podem ser absorvidas pelo corpo. É assim que obtemos os nutrientes que estão nos alimentos que comemos. Estruturas do corpo, como o estômago e os intestinos, participam desse processo. Para saber quais são as estruturas do corpo que se relacionam com a digestão e onde elas ficam no seu corpo, leia os textos abaixo.

Boca – é onde o alimento é mastigado e misturado com a saliva. Esse é o começo da digestão. A mastigação e a saliva tornam o alimento mais pastoso, facilitando sua deglutição.

Esôfago – espécie de tubo por onde passa o alimento que engolimos. A musculatura da parede do esôfago se contrai e encaminha o alimento para o estômago.

Estômago – é onde chega o alimento que vem da boca. No estômago, as proteínas contidas nos alimentos começam a ser digeridas pelo suco gástrico.

Fígado – possui muitas funções. Uma delas é produzir a bile, um fluido que ajuda a digestão de gorduras, que ocorre no intestino.

Intestino delgado – é para onde os alimentos vão depois de passar pelo estômago. O intestino delgado pode ser comparado a um grande tubo, com vários metros de comprimento. Nele, os alimentos continuam a ser digeridos e os nutrientes contidos nos alimentos passam para o sangue.

Pâncreas – fica sob o estômago. Produz sucos que são lançados no intestino e têm papel na digestão.

Leonello Calvetti/Dreamstime/Glow Images

Intestino grosso – é para onde vai o alimento que não foi absorvido pelo intestino delgado. Esses resíduos de alimentos formam as fezes, que serão eliminadas pelo ânus. No intestino grosso, ocorre a absorção de água.

Sugestão de...
Livro

Corpo humano.
Anna Claybourne. São Paulo: Girassol, 2019.

Elementos representados em tamanhos não proporcionais entre si.

1 Esta cruzadinha já está preenchida com o nome de estruturas do corpo relacionadas à digestão. No caderno, escreva frases para explicar cada item da cruzadinha.

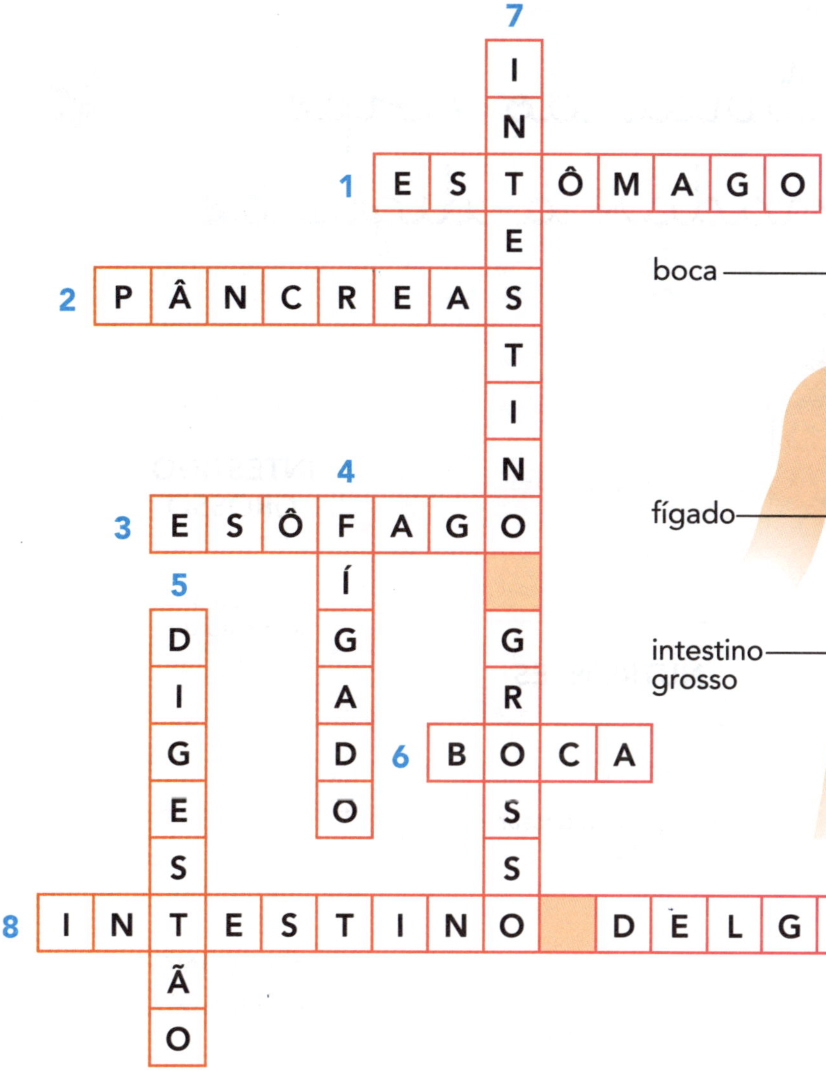

Elementos representados em tamanhos não proporcionais entre si.

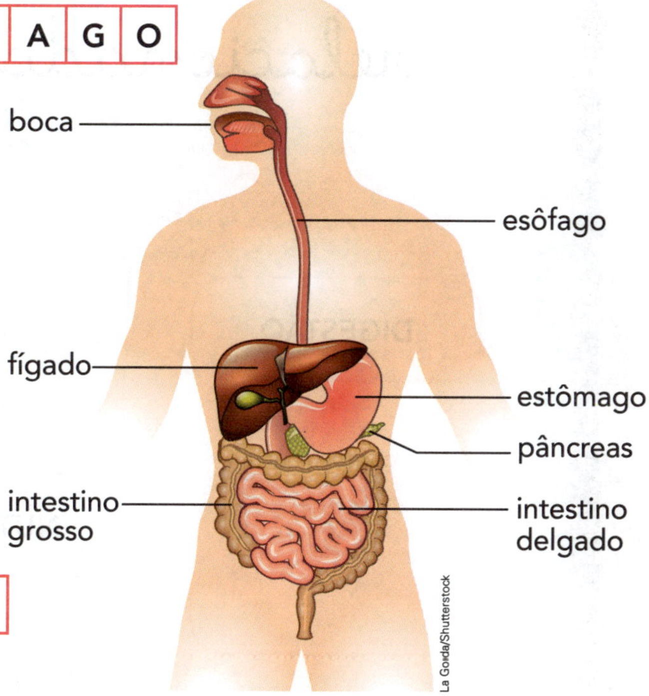

```
              7
              I
              N
   1  E S T Ô M A G O
              E
 2 P Â N C R E A S
              T
              I
         4    N
 3  E  S Ô F A G O
   5          Í         
      D       G    G
      I       A    R
      G       D  6 B O C A
      E       O    S
      S            S
 8 I N T E S T I N O  D E L G A D O
      Ã
      O
```

Diagrama do corpo humano com as estruturas do sistema digestório identificadas: boca, esôfago, fígado, estômago, pâncreas, intestino grosso, intestino delgado.

La Gorda/Shutterstock

2 Leia as afirmações abaixo e explique por que elas estão incorretas.

O alimento passa pelo fígado, onde recebe a bile.

O alimento passa pelo pâncreas, onde continua a ser digerido.

Fabio Eugenio/Arquivo da editora

3 Complete os esquemas do mural abaixo "Estruturas do corpo relacionadas à digestão". Eles ajudam a sintetizar as informações dos textos da página 70.

Estruturas do corpo relacionadas à digestão

DIGESTÃO

começa na

_____

produz a

BILE

_____

contêm

NUTRIENTES

que podem passar para o

SANGUE

INTESTINO GROSSO

realiza a absorção de

_____

INTESTINO DELGADO

é onde acontece a absorção de

_____

4 Escreva um resumo explicando o que você aprendeu sobre as estruturas do corpo relacionadas à digestão. Use as questões que aparecem nesta página como guia.

Mostre seu resumo aos colegas e veja o que eles escreveram.

Dê um título para o seu texto.
Podemos afirmar que parte da digestão já ocorre na boca?
Qual é o caminho que o alimento percorre dentro do corpo?
Em que momento o alimento passa pelo esôfago?
O que acontece com o alimento no estômago?
Quais são os papéis do fígado e do pâncreas na digestão?
O que acontece com o alimento no intestino delgado?
O que acontece no intestino grosso?
O que você não sabia e aprendeu com as leituras que fez?

O que forma o sangue?

Vamos conhecer os glóbulos brancos e os glóbulos vermelhos do sangue.

Você sabe por que o sangue é vermelho?

Para responder a essa pergunta, vamos primeiro observar as imagens à esquerda: De perto, o que você vê? E de longe, é possível ver a mesma coisa?

Repare que, em uma das folhas que o menino segura, podemos ver – bem de perto – que a mancha é formada, na realidade, por inúmeros pontinhos vermelhos.

Podemos dizer que algo parecido ocorre quando observamos o sangue ao microscópio. Por meio da microscopia, percebemos que o sangue é formado por uma parte líquida, chamada plasma, e por inúmeras e diminutas estruturas avermelhadas, os **glóbulos vermelhos**, além de outras estruturas. Já a olho nu, temos somente a impressão de que o sangue é algo "contínuo" e de cor vermelha.

Essa é, portanto, uma grande revelação sobre nosso corpo que devemos à microscopia: é o conjunto de glóbulos vermelhos que confere ao sangue a sua cor característica.

Hoje em dia, microscópios podem ser encontrados em hospitais, laboratórios de análises e institutos de pesquisa, por exemplo. Utilizando-os podemos observar muitas estruturas invisíveis a olho nu.

No sangue, podemos ainda encontrar os **glóbulos brancos**. Eles existem em menor quantidade do que os glóbulos vermelhos e atuam na defesa do organismo contra agentes estranhos, como vírus e bactérias. Já os glóbulos vermelhos têm um importante papel no transporte de oxigênio pelo corpo.

Quando nos ferimos e começamos a perder sangue, estamos na verdade perdendo glóbulos vermelhos e glóbulos brancos! Em situações como essas é formado um coágulo sanguíneo que é uma espécie de "malha" de proteínas na qual os componentes do sangue ficam retidos.

Elementos representados em tamanhos não proporcionais entre si.

Olhando mais de perto, podemos descobrir diferenças entre imagens que pareciam iguais.

Fotos: Fernando Favoretto/Criar Imagem

1 Veja abaixo imagens do sangue obtidas com o auxílio de microscópios em diferentes ampliações e leia as legendas.

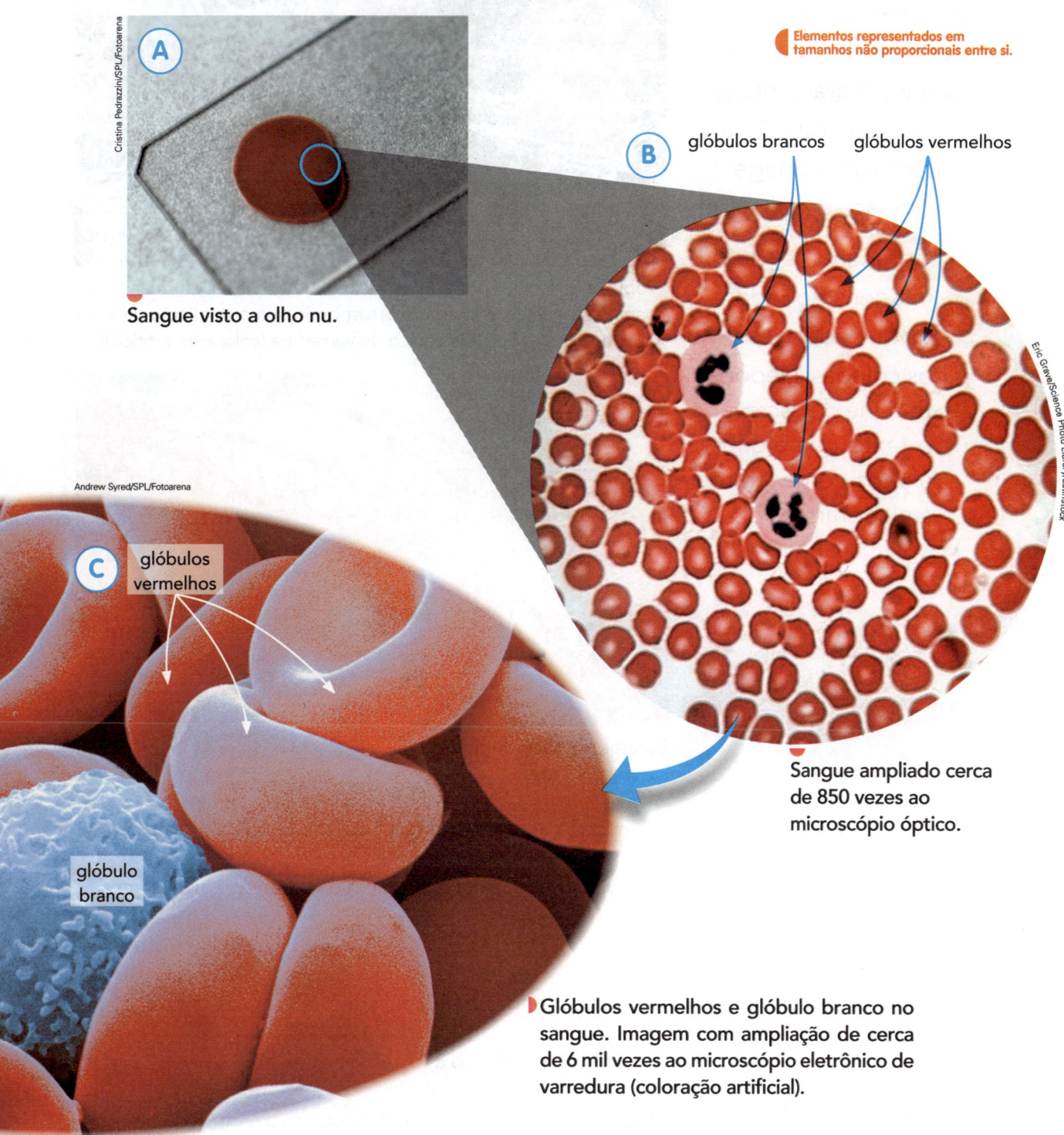

Elementos representados em tamanhos não proporcionais entre si.

A Sangue visto a olho nu.

Cristina Pedrazzini/SPL/Fotoarena

B glóbulos brancos   glóbulos vermelhos

Eric Grave/Science Photo Library/Latinstock

Sangue ampliado cerca de 850 vezes ao microscópio óptico.

Andrew Syred/SPL/Fotoarena

C glóbulos vermelhos

glóbulo branco

Glóbulos vermelhos e glóbulo branco no sangue. Imagem com ampliação de cerca de 6 mil vezes ao microscópio eletrônico de varredura (coloração artificial).

Q. Na imagem B há cerca de 145 glóbulos vermelhos e 2 glóbulos brancos. Troque ideias com os colegas: Quais são as diferenças que vocês observaram entre os glóbulos brancos e os vermelhos?

2 Observe a imagem ampliada do sangue na área de um machucado no instante em que o sangramento já estava estancando. Veja também a imagem de um saco de batatas.

- Compare as duas imagens ao lado e troque ideias com os colegas. Depois, termine de escrever o texto que alguns alunos começaram a elaborar.

◖ Elementos representados em tamanhos não proporcionais entre si.

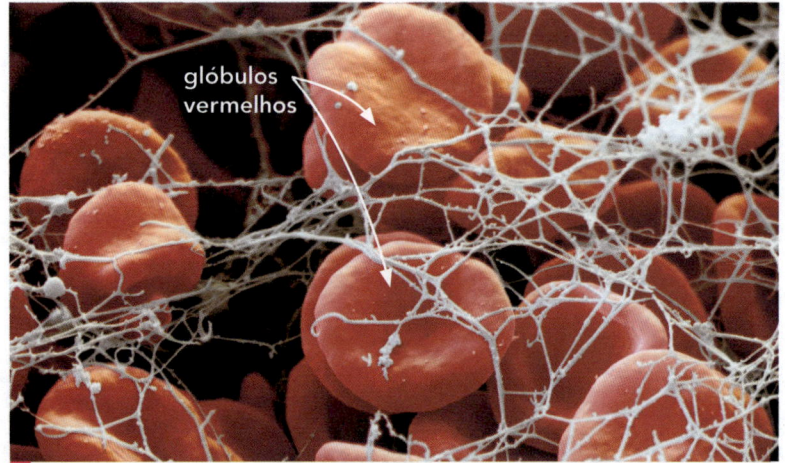

glóbulos vermelhos

Eye of Science/SPL/Fotoarena

Glóbulos vermelhos do sangue presos a uma "malha", formando um coágulo sanguíneo. A imagem corresponde a uma ampliação de 3500 vezes ao microscópio eletrônico de varredura (coloração artificial).

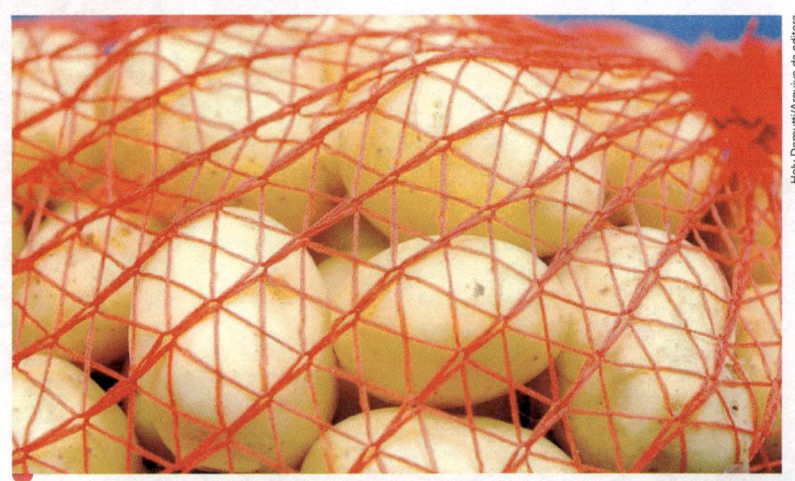

Hely Demutti/Arquivo da editora

Batatas em saco de rede.

Você sabe o que acontece com o sangue quando ele coagula? Uma maneira de entender isso é comparar uma imagem ampliada do _____ com uma imagem de batatas contidas em um saco de rede.

Veja só: de forma semelhante ao que ocorre no caso das batatas ensacadas, que ficam "presas" nas malhas da rede do saco onde estão contidas, os _____ _____ ficam "estancados" por uma "malha" que se forma onde há o coágulo.

3 Siga os passos abaixo e construa um instrumento que funciona de forma parecida com os microscópios de verdade.

1. Primeiro, faça um furo pequeno na extremidade de uma folha de papel cartão. O cabo de uma lupa passará por esse furo.

Fotos: Sergio Dotta/Arquivo da editora

2. Poucos centímetros abaixo desse furo, faça um recorte retangular comprido e com a largura do cabo da lupa. Deixe somente uma aba de aproximadamente 3 centímetros na outra borda sem recortar. Coloque o cabo da outra lupa nesse recorte.

3. Enrole a folha, formando um tubo em torno das lupas. Use fita adesiva para prender. Note que a segunda lupa pode ser movimentada.

4. Segurando os cabos das lupas, coloque o tubo sobre diferentes objetos. Posicione os olhos sobre a lupa fixa. Movimente a lupa móvel até obter a imagem mais ampliada possível. Que detalhes de diferentes objetos você consegue observar?

● Em seu caderno, faça dois desenhos comparando o mesmo objeto: visto a olho nu e visto com o auxílio do instrumento que você acabou de construir.

Surge um novo ser

Vamos aprender como se origina um recém-nascido.

Você sabe o que são células e em que parte do corpo humano elas podem ser encontradas?

Chamamos de células as pequenas estruturas que formam músculos, ossos, pele, cérebro, sangue, intestinos, pulmões, etc., que compõem o nosso corpo. Os glóbulos vermelhos e os glóbulos brancos são exemplos de célula.

Também são exemplos de célula os **espermatozoides** e os **óvulos**. Os espermatozoides são células reprodutoras masculinas, produzidas nos testículos. Os óvulos são células reprodutoras femininas, produzidas nos ovários.

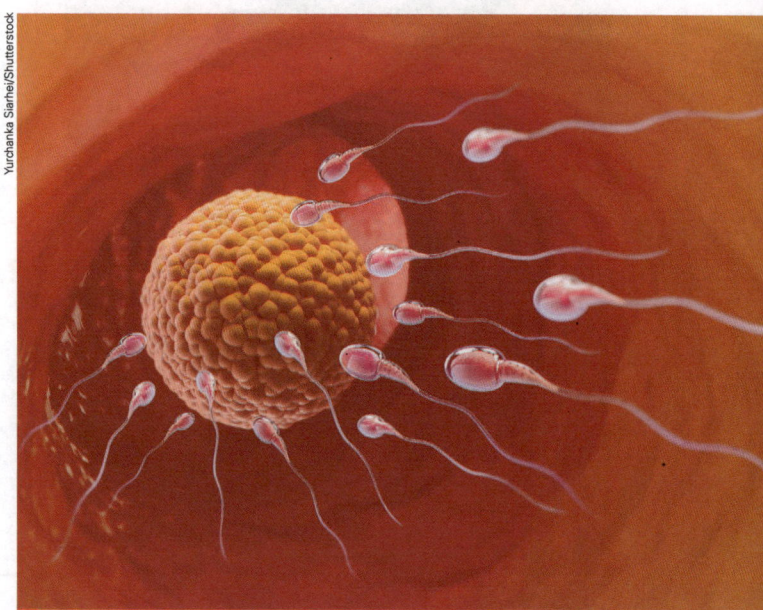

Representação de espermatozoides em direção a um óvulo.

Podemos considerar que o início de uma nova vida humana se dá pela fecundação: o encontro de um espermatozoide com uma célula reprodutora feminina.

Geralmente, a gravidez da mulher dura nove meses e termina no momento do parto.

A partir daí, começa a se desenvolver um embrião: um novo ser que possui várias células e que amadurece dentro do útero materno, durante o período de gestação ou gravidez. Com cerca de 8 semanas, esse ser já possui pernas, braços, mãos e pés, e é chamado de feto. Ao final de aproximadamente nove meses de gravidez, ocorre o parto, quando a mãe dá à luz o bebê.

1 Termine de preencher as lacunas das legendas usando os termos do banco de palavras. Em seguida, troque ideias com os colegas: Qual é a sequência correta das imagens?

fecundação   feto   gravidez   embrião   útero

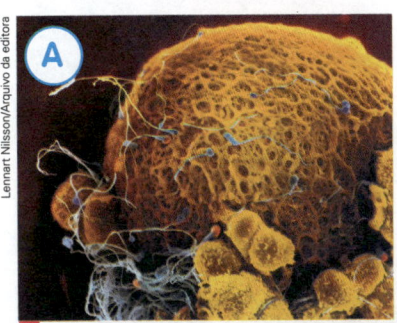

A _____ marca o início de uma gravidez.

▶ **Elementos representados em tamanhos não proporcionais entre si.**

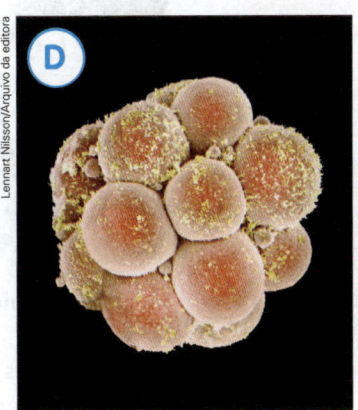

Com 4 dias, o embrião se parece com uma bola, com pouco mais de 0,1 milímetro de diâmetro. Está na tuba uterina e segue em

direção ao _____.

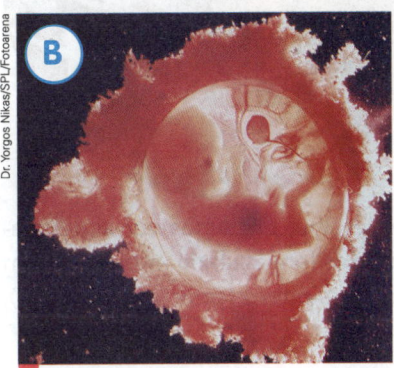

Com 3 meses, o _____ tem de 8 a 9 centímetros. Todos os órgãos internos estão formados. Pela ultrassonografia podemos identificar o sexo do bebê.

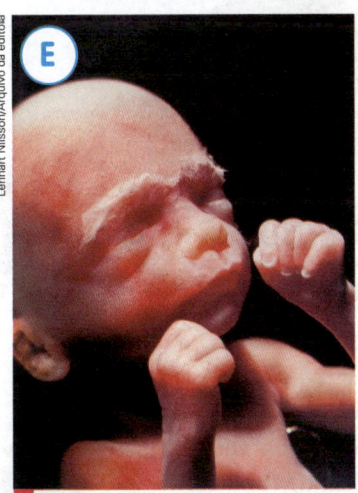

Com 6 meses, a _____ continua. O feto já se parece bastante com um recém-nascido. Ele fecha os olhos quando dorme e os abre quando está acordado. É capaz de tossir, ter soluços e pode chupar o polegar.

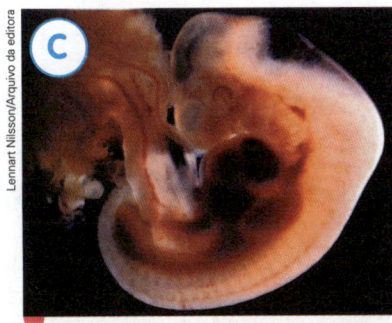

Com 4 semanas, o _____ tem uma cauda e o coração já bate. Através do cordão umbilical, ele recebe do sangue da mãe os nutrientes e o oxigênio de que necessita.

2 As fotografias abaixo foram obtidas com o uso de microscópios. Observe-as com atenção e leia as legendas, que revelam algumas diferenças entre o corpo de homens e o de mulheres.

◀ **Elementos representados em tamanhos não proporcionais entre si.**

Principais estruturas relacionadas à reprodução no homem: **pênis** e **testículos** (cores fantasia).

Os testículos possuem várias estruturas chamadas **tubos seminíferos**, dentro dos quais se desenvolvem os espermatozoides (coloração artificial).

No detalhe, podemos ver **espermatozoides** (em azul) no interior de um tubo seminífero (coloração artificial).

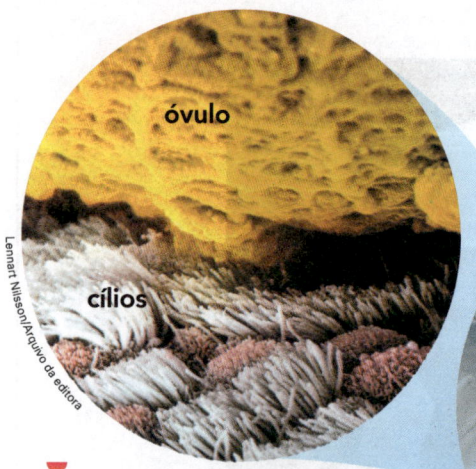

No detalhe, podemos ver os cílios da superfície da tuba uterina (coloração artificial). É o movimento desses cílios que conduz o **óvulo** até o **útero**.

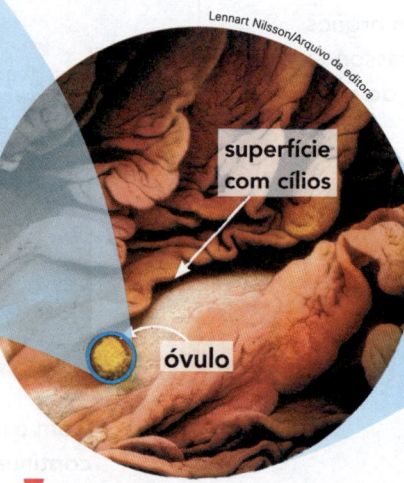

Dentro da **tuba uterina**, o óvulo, que foi produzido no ovário, segue em direção ao útero (coloração artificial).

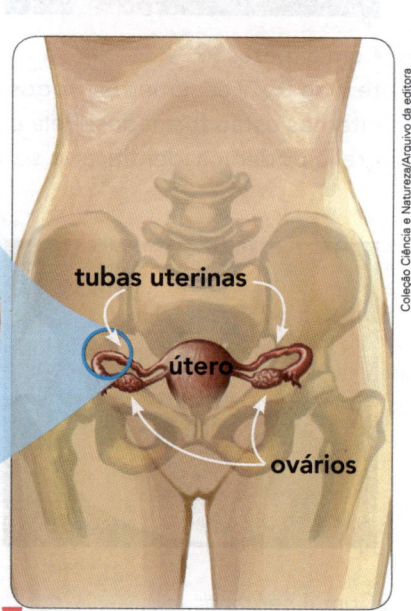

Estruturas chamadas **tubas uterinas** comunicam os **ovários** ao **útero** da mulher (cores fantasia).

3 Termine de escrever o texto que sintetiza as informações veiculadas nos fragmentos de texto desta página e da página anterior.

Título: Corpo de mulheres e de homens.

Introdução do texto: Existem várias diferenças entre o corpo de homens e o de mulheres. Aqui explicaremos algumas delas.

Desenvolvimento do texto: No corpo das mulheres, os _____ são as estruturas femininas responsáveis pela produção de _____, que são as células reprodutoras femininas. Aproximadamente uma vez ao mês, um óvulo é liberado por um _____. Se fecundado, esse óvulo vai para as tubas uterinas e segue em direção ao _____, que é o local onde o futuro bebê vai se desenvolver durante, aproximadamente, nove meses de _____. No corpo dos homens, as principais estruturas relacionadas à reprodução são os _____. Dentro deles existem os _____, nos quais é encontrada uma quantidade muito grande de _____, que são as células masculinas responsáveis pela reprodução.

4 Faça uma pesquisa com os colegas e procurem descobrir: Onde podemos encontrar microscópios e para que são utilizados?

Foto: Rawpixel.com/Shutterstock
Microscópio: MaZiKab/Shutterstock

Vamos ver de novo?

Neste capítulo você aprendeu que:

- Coração e vasos sanguíneos são estruturas do corpo relacionadas à circulação do sangue.
- Nariz, traqueia e pulmões (com os seus alvéolos pulmonares) são exemplos de estruturas do corpo relacionadas à respiração.
- Diversas estruturas do corpo estão envolvidas na digestão dos alimentos: boca, esôfago, estômago, intestinos, fígado, pâncreas.
- No sangue, podemos encontrar, entre outros componentes, nutrientes (provenientes da digestão dos alimentos) e oxigênio (proveniente da respiração).
- O sangue possui diferentes tipos de células sanguíneas.
- Espermatozoides e óvulos são células reprodutoras envolvidas na fecundação.
- Após a fecundação desenvolve-se um embrião, que se transformará em um recém-nascido.

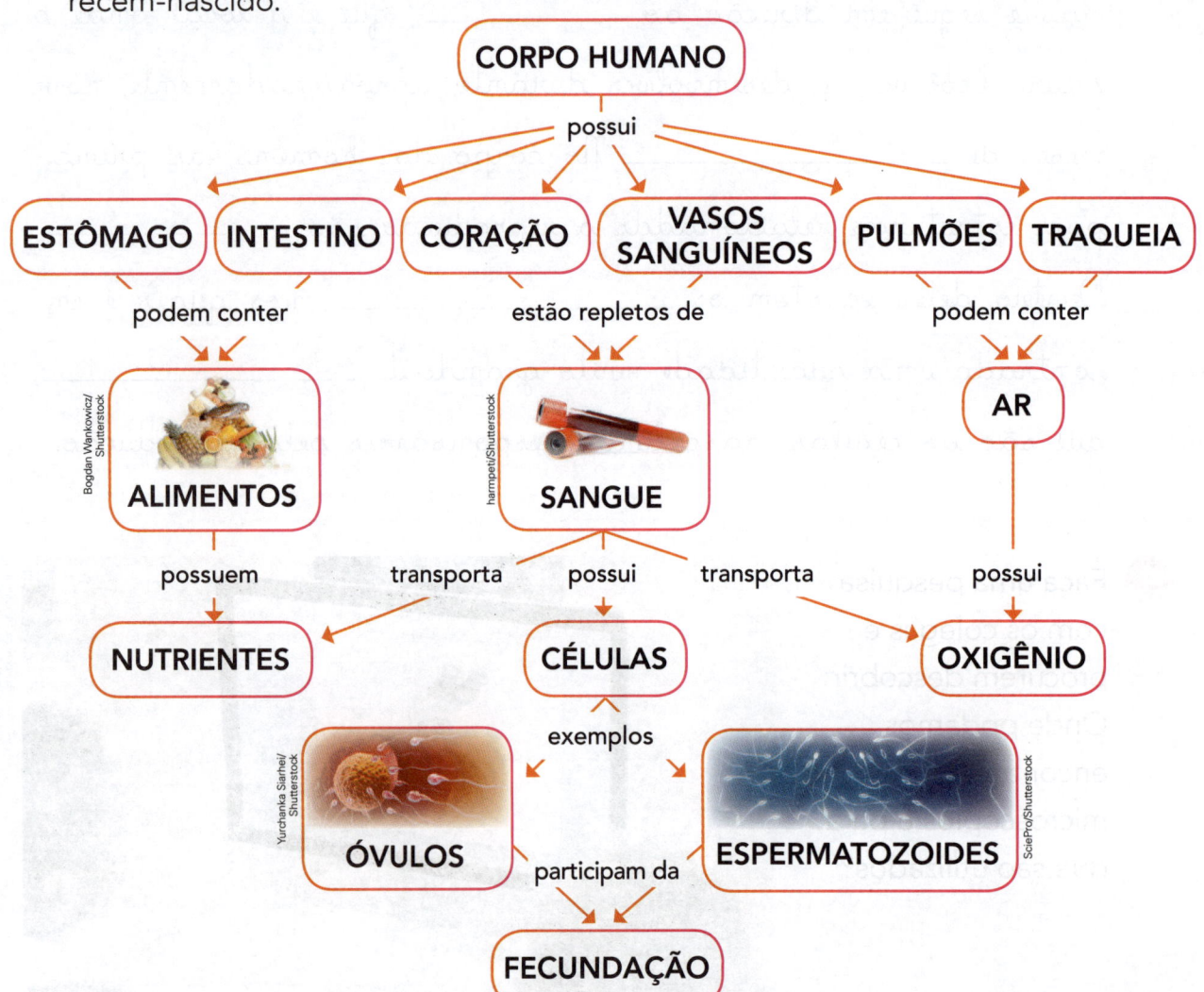

1 Veja o desenho feito por um aluno. Depois do que você estudou, analise essa produção.

a) Quais estruturas relacionadas à respiração, à circulação e à digestão são representadas? E quais não foram representadas?

_____

_____

_____

b) Que correções você sugere que sejam feitas?

_____

_____

_____

Hagaquezart Estúdio/ Arquivo da editora

2 No caderno, faça um desenho do que é visível quando colocamos uma gota de sangue ao microscópio. Use setas para nomear o que você desenhar.

3 Veja o que alguns alunos estão conversando a respeito da reprodução humana. No caderno, responda: As afirmações estão corretas? Como você responderia à dúvida de uma das meninas?

As células reprodutoras femininas são os óvulos. Eles são produzidos no útero.

Somente no final da gravidez é que o novo ser vivo terá os órgãos internos e o formato do corpo parecidos com os de um bebê.

Durante a gestação, o novo bebê está dentro do corpo da mãe. Se ele está lá dentro, então como é que obtém alimento?

Monkey Business Images/Shutterstock

Tecendo saberes

1. Leia o texto abaixo e reflita sobre como a atividade de um profissional pode levá-lo a criar um invento.

Reprodução do microscópio de Leeuwenhoek.

Microscópios e máquinas fotográficas

Os primeiros microscópios foram inventados por um fabricante de lentes, o holandês Anton van Leeuwenhoek (1632-1723). Ele era fascinado pelo que conseguia ver através delas. Acoplando-as a uma base na qual colocava o que iria observar, criou o que se considera ser o primeiro microscópio.

Pulga desenhada por um pesquisador por meio de observações ao microscópio.

Mas não bastava ter boas lentes. Durante muito tempo um dos principais trabalhos dos microscopistas era também registrar, com desenhos bem detalhados, o que observavam.

Hoje em dia, tudo ficou mais fácil: a imagem vista pode ser fotografada e, em um clique, está pronta para ser compartilhada.

Mas, para isso acontecer, outra invenção teve de entrar em cena: a máquina fotográfica. Assim como os microscópios, as primeiras máquinas fotográficas surgiram dos impulsos e necessidades de uma profissão.

Louis Daguerre (1787-1851) foi um artista francês que trabalhava pintando cenários para diferentes espetáculos. A preocupação em desenvolver pinturas cada vez mais realistas talvez o tenha motivado a aperfeiçoar os métodos de captura de imagem. Assim, em 1839 ele anuncia a sua invenção: o daguerreótipo. As primeiras imagens dos daguerreótipos impressionavam pelo realismo.

Com o passar do tempo, as câmeras ficaram menores e portáteis. As imagens foram digitalizadas e a fotografia foi enormemente popularizada.

Já pensou se a história tivesse sido assim com os microscópios? Como seria se todos tivessem nas mãos um instrumento que amplia o poder de visão em 20, 100, 400, mil vezes ou mais?

Daguerreótipo, uma das primeiras invenções para registrar imagens.

2 Troque ideias com os colegas e participe do debate com estas crianças, completando os balões.

O texto informa sobre

_____

_____ .

Também dá a ideia de que

_____

_____ .

Eu achei interessante

_____

_____ .

Ilustrações: Giz de Cera/ Arquivo da editora

3 Compare a imagem da cidade na fotografia tirada com um daguerreótipo à imagem dessa mesma cidade atualmente, obtida com uma máquina fotográfica. Quais são as mudanças que mais chamam a sua atenção?

Album/De Agostini Picture Library/Getty Images

Imagem da Praça da Concórdia, em Paris (França), obtida com um daguerreótipo em 1850.

4kclips/Shutterstock

Fotografia da mesma praça, obtida com uma máquina fotográfica em 2016.

4 Leeuwenhoek fabricava lentes. Daguerre era um artista. Preencha o quadro abaixo descrevendo profissões que você conhece.

Nome da profissão	O que o profissional faz

O que estudamos

Nesta unidade:

- Exploramos o que ocorre com nosso corpo durante a atividade física.

- Fizemos pesquisas sobre estruturas do corpo humano relacionadas à circulação, à respiração e à digestão.

- Investigamos por que o sangue é vermelho.

- Estudamos o desenvolvimento de um novo ser dentro do útero materno.

Observe as imagens a seguir e relembre o que estudou. Depois, converse com os colegas e o professor sobre o que você aprendeu nesta unidade que antes não sabia.

Você...

Registre suas ideias no caderno.

... investigou os batimentos cardíacos e os movimentos respiratórios em diferentes atividades físicas.

... analisou o gasto energético associado a diferentes atividades do dia a dia.

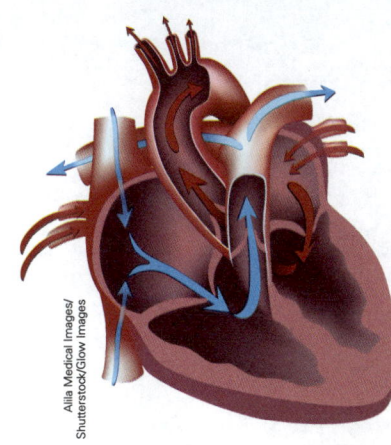

Alila Medical Images/Shutterstock/Glow Images

... descobriu por onde passa o ar que respiramos e o que existe dentro do coração.

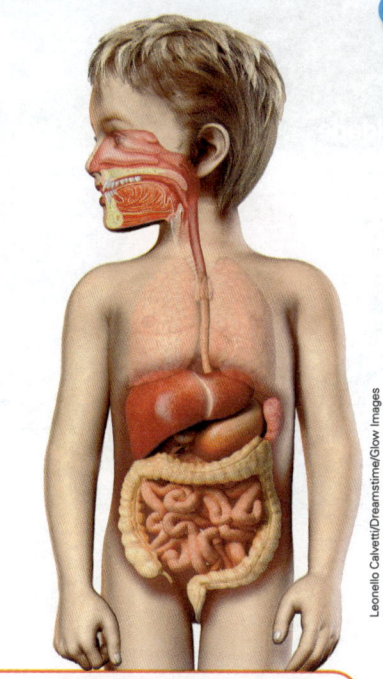

Leonello Calvetti/Dreamstime/Glow Images

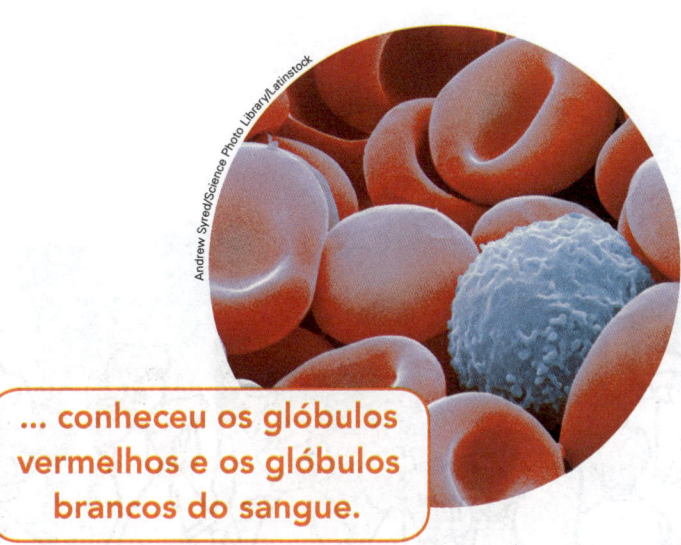

Andrew Syred/Science Photo Library/Latinstock

... estudou estruturas do corpo que atuam na digestão dos alimentos.

... conheceu os glóbulos vermelhos e os glóbulos brancos do sangue.

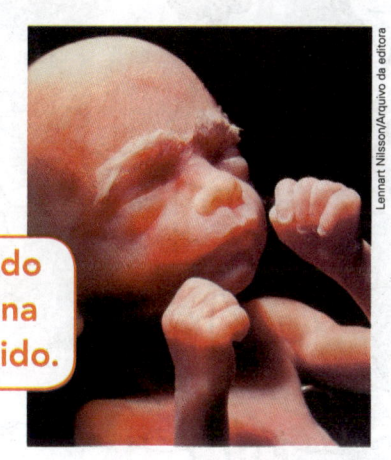

Lennart Nilsson/Arquivo da editora

... ficou sabendo como se origina um recém-nascido.

Para refletir e conversar

Folheie as páginas anteriores e reflita sobre valores, atitudes e o que você sentiu e aprendeu nesta unidade.

- Depois do que você estudou, você se sentiu estimulado a praticar atividades físicas com regularidade?

- O que você pensou e sentiu ao ver as imagens do corpo humano mostradas nesta unidade? Quais imagens mais chamaram a sua atenção?

- Em relação ao corpo humano, o que você mais gostou de estudar? E o que você gostaria de estudar mais a fundo a partir de agora?

3 Ser saudável

ALIMENTE-SE BEM

MANTENHA O BOM HUMOR

PRATIQUE ATIVIDADES FÍSICAS

APROVEITE A COMPANHIA DE AMIGOS

DURMA, TRABALHE, ESTUDE E DIVIRTA-SE!

BEBA ÁGUA E PRATIQUE ATIVIDADES FÍSICAS

- Você sabe o que representam as prateleiras com alimentos que as crianças estão observando?
- O que você identifica nesta imagem que pode fazer bem para a saúde das pessoas?
- Onde você identifica água nesta imagem? Como as pessoas podem utilizá-la?

6

Nossa alimentação, nossa saúde

Como é sua alimentação?

Para iniciar

Neste capítulo vamos analisar informações nutricionais de diferentes alimentos e aprender sobre alimentação saudável.

 Faça uma lista no caderno com exemplos de alimentos que você costuma comer nas seguintes refeições: café da manhã, almoço e jantar. Compartilhe com os colegas.

● Troque ideias com os colegas: No dia a dia você se preocupa com a sua alimentação? Você acha que precisa mudar alguma coisa em relação aos seus hábitos alimentares?

● Você já reparou nas embalagens dos alimentos? Que informações elas trazem sobre o alimento que vamos consumir?

Atividade prática

Fernando Favoretto/Arquivo da editora

Vamos analisar as informações que as embalagens dos alimentos nos fornecem.

Material

- Embalagens de alimentos limpas

Como fazer

1. Junte algumas embalagens vazias de alimentos diversos (peça ajuda a seus familiares).

INFORMAÇÃO NUTRICIONAL
Porção 200ml (1 copo)

Quantidade por porção		%VD(*)
Valor energético	133 kcal = 559 kJ	7
Carboidratos	24 g	8
Proteínas	2,5 g	3
Gorduras totais	3,0 g	5
Gorduras saturadas	2,2 g	10
Gorduras trans	0 g	**
Fibra alimentar	0 g	0
Sódio	130 mg	5
Cálcio	110 mg	11

*%Valores Diários com base em uma dieta de 2.000 kcal ou 8.400 kJ. Seus valores diários podem ser maiores ou menores dependendo de suas necessidades energéticas.
** Valor diário não estabelecido.

2. Selecione as embalagens que apresentam informações mais visíveis sobre o produto.

4. Leve as embalagens para a sala de aula e compartilhe-as com os colegas. Comparem as embalagens e listem as informações que elas trazem, como data de validade, informação nutricional, valor energético, ingredientes, condições de conservação, etc. Verifiquem se todas as embalagens apresentam as mesmas informações.

3. Limpe as embalagens de forma que possam ser manuseadas por você e pelos colegas.

Nutrientes nos alimentos

Você sabe o que os alimentos contêm que faz bem à nossa saúde?

Para descobrir respostas para essa pergunta, que tal conversarmos com uma nutricionista?

Com a palavra...

... a nutricionista Mariana Sala.

Como a boa alimentação contribui para a nossa saúde?

A alimentação contribui para a saúde, "de dentro para fora" do corpo, fornecendo os nutrientes de que precisamos.

Quais são alguns desses nutrientes?

Carboidratos, por exemplo, são nutrientes que fornecem energia. Pães, massas e arroz são ricas fontes de carboidratos, assim como as frutas. Aliás, as frutas também são ricas fontes de outros nutrientes, como vitaminas e minerais.

E qual é o papel das vitaminas e minerais?

Vitaminas e minerais são substâncias que atuam nos "bastidores" de vários processos que ocorrem no corpo e refletem no que vemos por fora – pele e dentes saudáveis, cabelos brilhantes, ossos fortes, etc. De maneira geral, os vegetais possuem boa diversidade de minerais e vitaminas.

Além desses, quais outros nutrientes existem?

As gorduras são nutrientes essenciais para absorvermos outros tipos de nutrientes. Elas também são fontes de energia. Mas temos de estar atentos às fontes de gordura em nossa alimentação: normalmente, é aconselhável reduzirmos o consumo de doces e manteigas e usarmos mais sementes, castanhas e óleos vegetais.

Há mais algum nutriente que não pode faltar?

Sim, as proteínas, que são nutrientes necessários para repor matéria e reconstruir o nosso corpo. Carnes e ovos são ricos em proteínas. Mas vários vegetais, como a lentilha e o espinafre, também são fontes de proteínas.

Qual é o último recado que você gostaria de dar?

Eu vejo a todo momento crianças tomando sucos industrializados e refrigerantes, comendo salgadinhos. Não estão comendo frutas nem vegetais. Temos de aprender a escolher o que comemos. Meu lema é: "Saúde e bem-estar através da comida". Se você comer bem, ou seja, se comer o que precisa, vive melhor. Vamos comer bem?

1. Complete o quadro abaixo, que sintetiza algumas informações da entrevista da página anterior.

Nome do nutriente	Exemplos de alimentos que contêm o nutriente
Carboidratos	
Proteínas	
Gorduras	
Vitaminas e minerais	

2. Leia os textos que tratam de problemas de saúde relacionados à alimentação. Depois, no caderno, monte um quadro para sintetizar as informações obtidas em cada texto, citando o problema alimentar e a consequência para a saúde.

Gael resolveu mudar de dieta: nada de leite e derivados. Após algum tempo começou a se queixar de câimbras e teve incidentes de quebra de ossos frequentemente. Em uma consulta, o médico disse que era carência de cálcio. O cálcio é necessário para a formação de ossos, para a coagulação sanguínea e para a contração dos músculos.

Leite e derivados são fontes de cálcio.

Na época das Grandes Navegações, o escorbuto afligia os navegadores: gengivas com sangramento, má cicatrização, perda de dentes. O problema era a falta de vitamina C, pois a dieta dos marinheiros era muito pobre em frutas e outros vegetais frescos.

Peixes voadores encontrados na zona Tórrida, a partir de "Americae Tertia Pars", de Theodore de Bry, 1592 (gravura colorida em metal, de 35 cm × 24 cm).

3 Veja o cartaz que as crianças começaram a fazer ao analisarem as informações nutricionais nas embalagens dos alimentos.

Análise nutricional dos alimentos

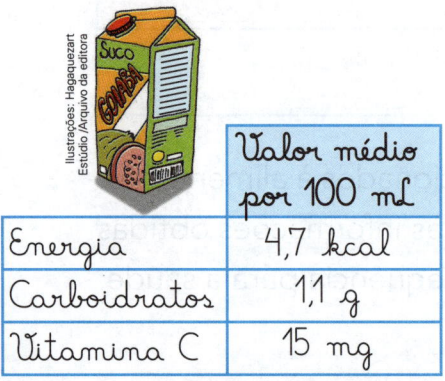

Ilustrações: Hagaquezart Estúdio /Arquivo da editora

Valor médio por 100 mL

Energia	4,7 kcal
Carboidratos	1,1 g
Vitamina C	15 mg

Composição média por 100 g do produto

Energia	280 kcal
Proteínas	7 g
Gorduras	28 g
Carboidratos	1 g

100 g contêm em média

Energia	376 kcal
Proteínas	1,5 g
Gorduras	1,3 g
Carboidratos	86 g
Vitamina E	10 mg
Cálcio	480 mg
Ferro	7,5 mg

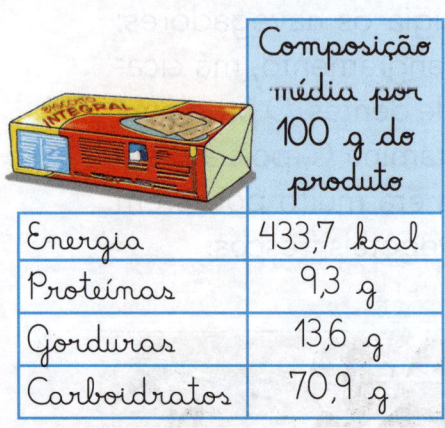

Composição média por 100 g do produto

Energia	433,7 kcal
Proteínas	9,3 g
Gorduras	13,6 g
Carboidratos	70,9 g

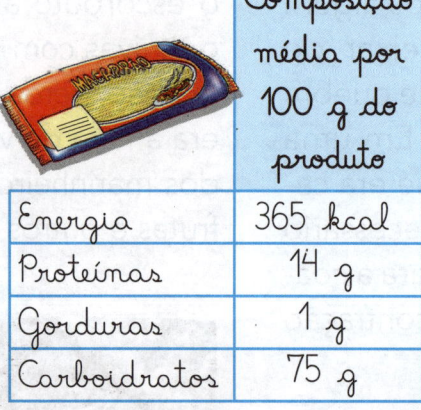

Composição média por 100 g do produto

Energia	365 kcal
Proteínas	14 g
Gorduras	1 g
Carboidratos	75 g

100 g contêm em média

Energia	400 kcal
Proteínas	0 g
Gorduras	0 g
Carboidratos	99,2 g
Minerais	0,06 a 0,20 g

- Escolha uma das embalagens que você separou para a atividade da página 91. Preencha o quadro ao lado, indicando as informações nutricionais desse produto.

Composição média por 100 g ou 100 mL de _____

Energia	
Proteínas	
Gorduras	
Carboidratos	

4 Agora preencha o quadro abaixo, indicando a quantidade, em média, de cada nutriente em 100 g ou 100 mL de produto dos alimentos analisados.

Tipos de nutriente

Alimentos	Biscoito integral	Macarrão	Requeijão	Suco de goiaba	Açúcar	Achoco-latado
Proteínas	9,3 g					
Gorduras		1 g				
Carboidratos				1,1 g		
Vitaminas						
Minerais						

Quais dos alimentos são mais ricos em proteínas?

Quais dos alimentos são mais ricos em carboidratos?

Qual dos alimentos é mais rico em gorduras?

Hagaquezart Estúdio/ Arquivo da editora

5 Forme dupla com um colega. Analisem os dados do quadro acima. Em seguida, troquem ideias e respondam às dúvidas das crianças.

Por uma alimentação saudável

Vamos conhecer quantas porções de diferentes alimentos são recomendadas por dia.

Você já ouviu falar que alguém só come "besteiras"?

A pirâmide alimentar é uma representação que nos ajuda a tomar consciência do que devemos comer e em quais proporções. Na base da pirâmide são representados os alimentos que devem ser consumidos em maior quantidade. No topo, aqueles alimentos que devemos comer só de vez em quando.

Assim, a base da pirâmide é formada por vegetais ou alimentos de origem vegetal. Aí estão os cereais, como arroz, milho, trigo e suas farinhas usadas para fazer pães, massas, etc.; e também a batata e a mandioca, por exemplo. Esses alimentos fornecem principalmente carboidratos (além de vitaminas, minerais e fibras).

Em um nível acima dos cereais estão o grupo dos legumes e verduras (também chamados de hortaliças, que são os vegetais usados em saladas e refogados) e o das frutas. Também são ricas fontes de vitaminas, minerais e fibras.

Carnes, ovos, feijão e as sementes oleaginosas estão um nível acima de hortaliças e frutas na pirâmide alimentar. São ricas fontes de proteínas, minerais e vitaminas do complexo B. Junto a eles estão leite e derivados (como queijo e iogurte), que são uma rica fonte de cálcio.

Finalmente, o topo da pirâmide alimentar inclui alimentos ricos em gordura, como óleos, açúcares e doces, que geralmente fornecem muitas calorias e possuem baixo valor nutricional. O recomendado é que gorduras e doces representem uma parte pequena da quantidade de calorias que ingerimos.

Grupo dos óleos e gorduras 1 porção

Grupo do leite e derivados 3 porções

Grupo dos legumes e verduras 3 porções

Grupo dos cereais 6 porções

ifong/Shutterstock

Beba água

Fonte: PHILIPPI, Sônia. **Pirâmide dos alimentos:** fundamentos básicos da nutrição. Barueri: Manole, 2008.

1 Observe os esquemas e complete-os com base no texto da página anterior.

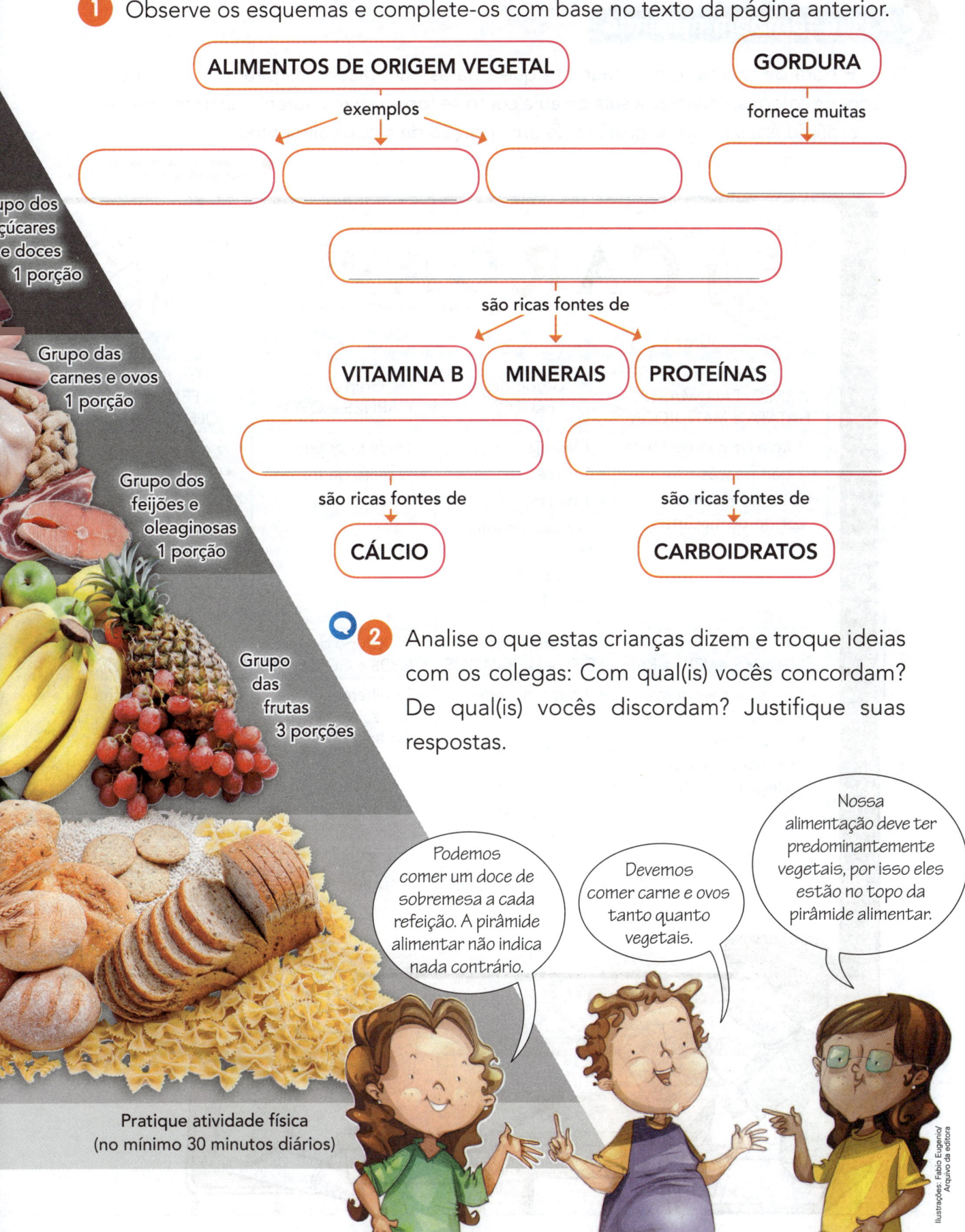

ALIMENTOS DE ORIGEM VEGETAL

exemplos

GORDURA

fornece muitas

são ricas fontes de

VITAMINA B   **MINERAIS**   **PROTEÍNAS**

são ricas fontes de

CÁLCIO

são ricas fontes de

CARBOIDRATOS

upo dos çúcares e doces 1 porção

Grupo das carnes e ovos 1 porção

Grupo dos feijões e oleaginosas 1 porção

Grupo das frutas 3 porções

Pratique atividade física (no mínimo 30 minutos diários)

2 Analise o que estas crianças dizem e troque ideias com os colegas: Com qual(is) vocês concordam? De qual(is) vocês discordam? Justifique suas respostas.

Podemos comer um doce de sobremesa a cada refeição. A pirâmide alimentar não indica nada contrário.

Devemos comer carne e ovos tanto quanto vegetais.

Nossa alimentação deve ter predominantemente vegetais, por isso eles estão no topo da pirâmide alimentar.

Ilustrações: Fabio Eugenio/Arquivo da editora

É hora de montar um restaurante que siga as orientações da pirâmide alimentar! Com os colegas, organize a sala de aula como se fosse um restaurante. Depois, analise o cardápio abaixo com sugestões de uma porção de alguns alimentos.

Elementos representados em tamanhos não proporcionais entre si.

CARDÁPIO

Um porção equivale a uma das opções de cada grupo.

Grupo do ARROZ, PÃO, MASSA, BATATA e MANDIOCA	Grupo das FRUTAS	Grupo das CARNES e OVOS	Grupo dos FEIJÕES e OLEAGINOSAS
• 1 fatia de pão de fôrma • 1 pão francês • ½ xícara de arroz cozido ou macarrão	• 1 laranja • 1 maçã • 1 banana • ½ xícara de fruta picada • ½ xícara de suco de fruta	• 1 bife pequeno • ½ peito de frango • 1 ovo	• ½ xícara de feijão cozido • 2 colheres de sopa de soja cozida • 12 unidades de amendoim • 8 unidades de pinhão cozido
Grupo dos LEGUMES e VERDURAS	Grupo do LEITE e DERIVADOS	Grupo dos ÓLEOS e GORDURAS	Grupo dos AÇÚCARES e DOCES
• 1 xícara de verduras folhosas (alface, couve, espinafre, etc.) • ½ xícara de verduras ou legumes picados e cozidos	• 1 copo de leite integral • 3 fatias de queijo fresco • 3 colheres de sopa de requeijão	• 2 colheres de chá de azeite de oliva extravirgem	• 6 colheres de chá de açúcar • 20 g de chocolate ao leite

- Agora, cada grupo de até três alunos deve elaborar um cardápio. Com os colegas do grupo e seguindo as orientações da pirâmide alimentar, monte sua sugestão de cardápio para um dia.

Sugestão do "Chef"

Café da manhã

_____

_____

_____

_____

Lanche da tarde

_____

_____

_____

_____

Almoço

_____

_____

_____

_____

Jantar

_____

_____

_____

_____

Vamos ver de novo?

Neste capítulo você aprendeu que:

- Na embalagem dos alimentos há indicações de seus nutrientes e da energia que fornecem.

- Alguns exemplos de nutrientes são: carboidratos, proteínas, gorduras, minerais e vitaminas.

- Para termos uma dieta saudável podemos seguir as orientações da pirâmide alimentar.

- Alimentos de origem vegetal estão na base da pirâmide alimentar: eles devem ser o tipo de alimento que devemos consumir em maior quantidade em nossa dieta.

- Doces e óleos possuem alto teor de gordura e baixo valor de outros nutrientes. Estão no topo da pirâmide alimentar: eles devem ser consumidos eventualmente e em pequenas quantidades.

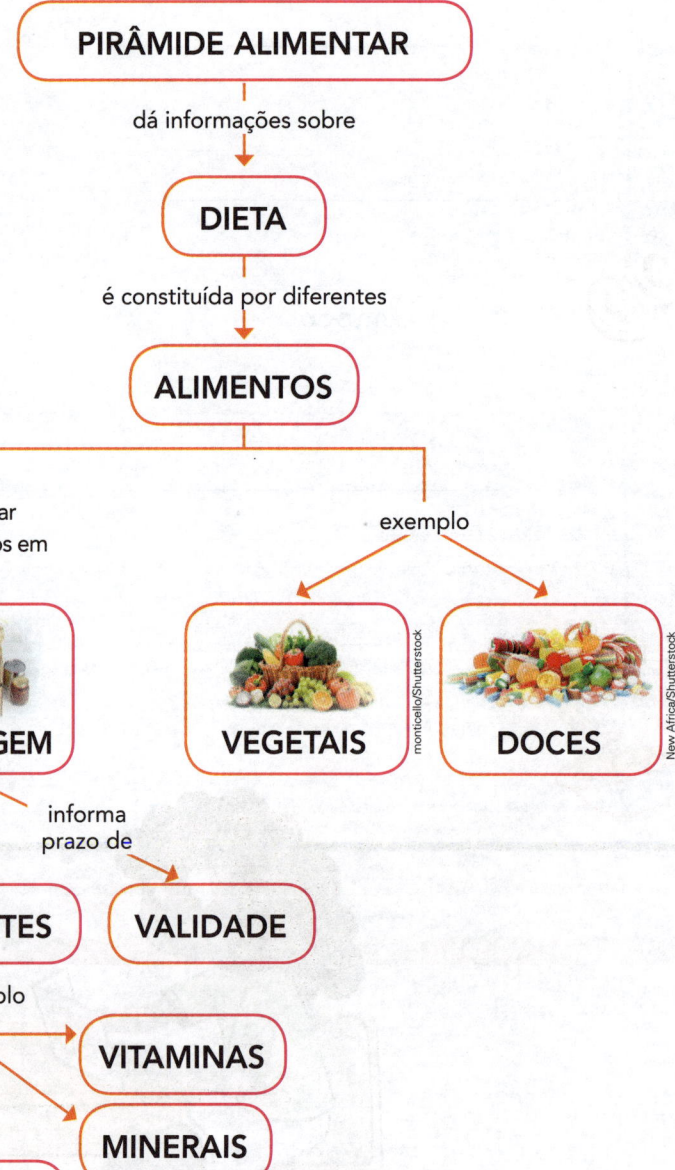

1 Analise as frases abaixo e indique se elas correspondem (**C**) ou se não correspondem (**NC**) às informações apresentadas no capítulo. No caderno, corrija as frases que não correspondem.

A base da pirâmide alimentar contém os alimentos que devemos comer em menor quantidade na nossa dieta.

Os doces estão no topo da pirâmide alimentar. Devemos comê-los à vontade.

Nossa principal fonte de energia são os alimentos representados na base da pirâmide alimentar, tais como pães e cereais.

Leite e derivados são considerados ricas fontes de cálcio.

Feijões podem ser considerados rica fonte de proteínas.

Fábio Eugenio/Arquivo da editora

2 Compare as informações nutricionais dos alimentos e responda: Qual das bebidas pode ser considerada a mais calórica?

Hagaquezart Estúdio/ Arquivo da editora

	Valor médio por 100 mL
Energia	4,7 kcal
Carboidratos	1,1 g
Vitamina C	15 mg

350 mL contêm, em média	
Energia	166 kcal
Proteínas	0 g
Gorduras	0 g
Carboidratos	43 g
Sais minerais	32 mg

3 Observe o que o menino costuma comer ao longo do dia e responda: Os alimentos mencionados por ele compõem uma dieta saudável?

Duas porções de alimentos ricos em carboidratos, uma porção de vegetais e frutas, duas porções de leite e de carnes, ovos e duas sobremesas por dia: em geral um bolo e algum doce.

Fábio Eugenio/Arquivo da editora

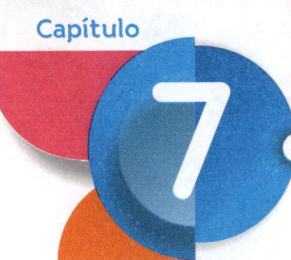

Nosso estilo de vida, nossa saúde

Fernando Favoretto/Criar Imagens

Você leva uma vida saudável?

 Para iniciar

Neste capítulo vamos reconhecer hábitos que não nos fazem muito bem e que podem gerar obesidade. Também vamos identificar hábitos promotores de uma boa saúde.

- No caderno, faça duas listas: uma de hábitos que prejudicam a nossa saúde e outra de hábitos que beneficiam a nossa saúde.

- Converse com os colegas sobre os hábitos mencionados no item anterior. O que vocês podem fazer para melhorar os próprios hábitos alimentares?

- Em sua opinião, situações difíceis e desagradáveis podem fazer mal para a saúde? Como você reage quando enfrenta situações assim?

Atividade prática

Vamos ter uma ideia da medida da cintura da maioria da turma?

Fotos: Eduardo Santaliestra/Arquivo da editora

Material

- Fita métrica
- Papel
- Lápis ou caneta

Como fazer

1. Organizem-se dividindo as tarefas: quem fará as medições e quem fará as anotações.

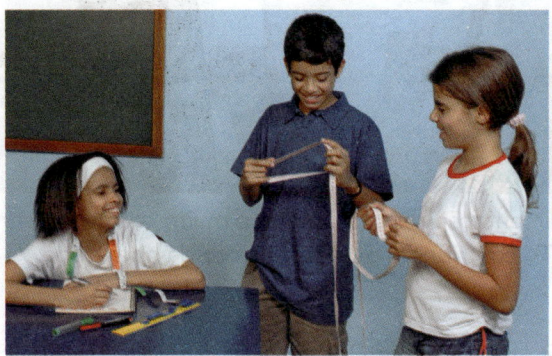

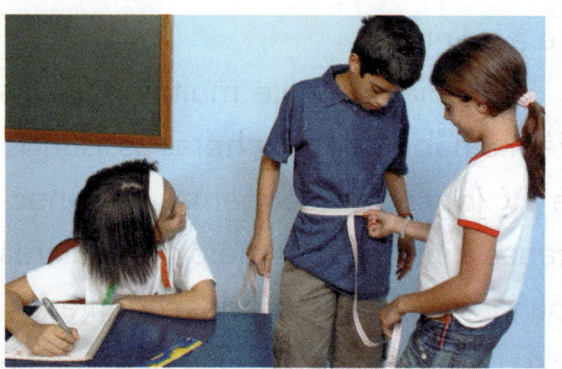

2. Comecem a fazer as medições das cinturas dos colegas, mais ou menos na altura em que está o umbigo.

3. Os dados obtidos podem ser registrados em um quadro.

4. Façam um gráfico: No eixo horizontal indiquem o tamanho da cintura em "intervalos". Por exemplo: de 40 cm a 44 cm, de 45 cm a 49 cm, etc.; no eixo vertical indiquem a quantidade de alunos cuja medida da cintura está dentro de cada intervalo.

Lanchinho + telinha = ?

Vamos conhecer um fato alarmante: hoje em dia a população é mais obesa do que no passado.

Quanto tempo você passa em frente à telinha?

Nos dias de hoje muitas pessoas têm o hábito de ficar horas assistindo à TV, jogando *videogames* ou conectadas à internet por meio de celulares ou *tablets*. São atividades sedentárias, isto é, que exigem pouco das capacidades físicas do nosso corpo e que requerem baixo gasto energético.

Alimentação desbalanceada e muito tempo assistindo à TV contribuem para o aumento da obesidade.

O aumento do sedentarismo, associado a uma alimentação rica em açúcares e gordura, é um caminho para a obesidade.

A obesidade pode ser entendida como o acúmulo excessivo de gordura no organismo. Um dos sinais é o aumento do peso corporal e o aumento da medida da cintura.

Hoje em dia há evidências de que uma grande parcela da população, inclusive crianças, é mais obesa do que no passado.

Como a obesidade se relaciona ao aumento de risco para uma série de problemas de saúde, é importante refletir: Será que estamos tendo um estilo de vida saudável? Do que temos nos alimentado? Será que passamos tempo demais em frente à telinha, e tempo de menos em atividades que exigem mais de nosso corpo?

Reflita sobre seus hábitos e reavalie-os. Afinal, você é bastante jovem e é importante ter saúde para gozar os muitos anos de vida que ainda tem pela frente.

Nas brincadeiras, além de exercitar o corpo, aumentamos nossa interação com outras pessoas.

1 Observe as imagens da página anterior e converse com um colega: Que hábitos favorecem a obesidade? Você tem algum desses hábitos?

2 Analise os gráficos abaixo e complete o relatório feito por alguns pesquisadores.

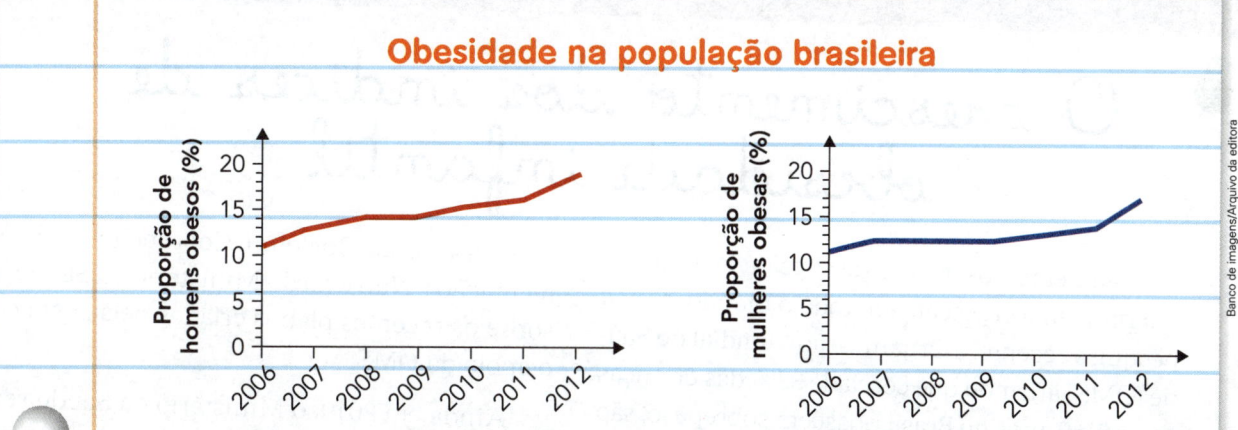

Obesidade na população brasileira

Gráficos elaborados com base em: MALTA, D. et al. Evolução anual da prevalência de excesso de peso e obesidade em adultos nas capitais dos 26 estados brasileiros e no Distrito Federal entre 2006 e 2012. **Rev. Bras. Epidemiol. Suppl. PeNSE 2014**. Disponível em: <www.scielo.br/pdf/rbepid/v17s1/pt_1415-790X-rbepid-17-s1-00267.pdf>. Acesso em: nov. 2017.

Banco de imagens/Arquivo da editora

Problema: As pessoas estão ficando mais obesas?

O que fizemos: Pesquisamos o tema e constatamos que há vários critérios para avaliar se uma pessoa está obesa. Compilamos os dados sobre a população brasileira de 2006 a 2012.

O que observamos: Nos gráficos acima podemos ver que a proporção de pessoas com obesidade em 2006 era de cerca de _____ entre os homens e de _____ entre as mulheres. Já em 2012 esses valores passaram para cerca de _____ entre os homens e _____ entre as mulheres.

O que concluímos: A análise dos dados nos permite dizer que a proporção de pessoas com obesidade na população brasileira _____ _____.

3 Explore o mural que um grupo de alunos fez sobre o tema "obesidade".

O crescimento dos índices de obesidade infantil

O aumento dos índices de obesidade infantil é um problema crescente em todo o mundo. Numa pesquisa recente, a Organização Mundial de Saúde (OMS) afirmou que cerca de 33% das crianças entre 5 e 9 anos no Brasil possuem sobrepeso, são 11,3 milhões de pequenos brasileiros afetados por estas mudanças de hábitos alimentares. Já no mundo, o número de crianças com problema alimentar sobe para 75 milhões.

É um problema tão em voga, que novos planos foram implementados com o objetivo de travar esse crescimento. Muitos deles focam na conscientização de crianças e famílias sobre os problemas que podem ser causados pelo sobrepeso, e a possibilidade de melhora na saúde caso esse quadro seja revertido.

A Dra. Gisele Bortolini, Coordenadora de Alimentação e Nutrição do Ministério da Saúde, [...] sobre os recentes planos criados pela pasta com o apoio da OMS.

"Ainda em 2019, o Ministério da Saúde realizou uma campanha para enfatizar a multicausalidade da obesidade infantil e a responsabilidade compartilhada no seu controle e prevenção. A campanha embasou-se em três componentes: promoção da alimentação adequada e saudável, promoção de atividade física e redução do tempo de tela", relatou a coordenadora.

Todo este esforço ocorre, porque a obesidade infantil está associada a diversas complicações na saúde. Algumas podem aparecer na adolescência ou idade adulta [...].

OBSERVATÓRIO da Saúde Rio de Janeiro. O crescimento dos índices de obesidade infantil. Notícias, 9 mar. 2020. Disponível em: <http://observatoriodasauderj.com.br/o-crescimento-dos-indices-de-obesidade-infantil/>. Acesso em: jun. 2020.

a) Considerando a pesquisa da OMS, responda: Qual é a proporção de crianças brasileiras com sobrepeso? E quais foram os componentes em que a campanha do Ministério da Saúde se baseou?

_____

_____

_____

_____

WATTERSON, BILL. **Tem alguma coisa babando embaixo da cama**: as aventuras de Calvin e Haroldo. 2 ed. São Paulo: Conrad, 2010. p. 28.

b) Na tirinha, as "máquinas que passam a controlar os humanos" podem ser comparadas a que invenções de verdade?

Em sua opinião, Calvin é ou não controlado por alguma máquina?

_____

_____

c) Agora é sua vez! Com um grupo de colegas, elabore um cartaz sobre o tema "obesidade", dando dicas de como evitá-la.

Por um estilo de vida saudável

Vamos reconhecer hábitos saudáveis e explorar a relação entre bom humor e saúde.

Você sabe como definir "saúde"? Uma possibilidade é dizer que saúde é o completo estado de bem-estar físico, mental e social. Essa definição nos leva a pensar em pelo menos duas coisas:

- saúde não é somente a ausência de doença;
- para sermos saudáveis, não basta praticar atividades físicas com regularidade.

Por exemplo, considere uma pessoa que dorme pouco, come muitos alimentos gordurosos, vive isolada, sem amigos e raramente tem momentos de lazer. Mesmo sem estar doente, ainda que faça atividades físicas regularmente, essa pessoa não pode ser considerada saudável no sentido completo da palavra.

Dormir mal ou pouco afeta nossas atividades diárias e pode prejudicar nossa saúde.

Para melhorar a qualidade de vida é necessário adotar um estilo de vida promotor de saúde:

Ter amigos e praticar atividades de lazer são hábitos que contribuem para o nosso bem-estar.

1. ter uma boa alimentação;
2. praticar atividades físicas com regularidade;
3. equilibrar a prática de esportes com outras atividades fundamentais, como dormir, estudar e ter momentos de lazer;
4. ter amigos e não viver isolado;
5. ser otimista e encarar positivamente os fatos da vida.

Fique de olho nisso e reavalie seus hábitos: Seu estilo de vida é promotor de boa saúde? O que você pode mudar no dia a dia para se tornar mais saudável?

1 As crianças começaram a conversar sobre o texto que leram. Indique quais falas correspondem (**C**) e quais não correspondem (**NC**) às afirmações feitas no texto da página anterior.

Saúde é a ausência de doenças.

Para ser saudável é importante praticar atividades físicas com regularidade.

Uma pessoa sem amigos pode ser considerada saudável, desde que pratique atividades físicas regularmente.

Samuel Borges Photography/ Shutterstock

Cookie Studio/ Shutterstock

Natthawat Arunkaserv/ Shutterstock

2 Ajude a terminar o esquema, escrevendo quais são os cinco aspectos de um estilo de vida promotor de uma vida saudável expressos pelos desenhos. Depois, no caderno, faça um parágrafo para explicar esse esquema.

SAÚDE

Ilustrações: Hagaquezart Estúdio/ Arquivo da editora

3 Troque ideias com os colegas e responda às questões apresentadas nas laterais da ilustração. Qual é a sua reação diante de um acontecimento indesejado, como perder uma condução, por exemplo?

Logo passa outro, vamos esperar.

Vou chegar atrasada de novo!

Vamos andando, nem é tão longe.

Isso sempre acontece comigo!

Com quais comentários você se identifica?

Que comentários revelam uma forma positiva de encarar os acontecimentos?

Fabio Eugenio/Arquivo da editora

4 O quadro abaixo mostra as atividades semanais de uma criança. Essas atividades são compatíveis com um estilo de vida saudável? Explique.

Atividades	2ª-feira	3ª-feira	4ª-feira	5ª-feira	6ª-feira
Na escola	13 h às 17 h	13 h às 17 h	13 h às 17 h	13 h às 17 h	13 h às 17 h
Estudo em casa	8 h às 9 h	9 h às 10 h	8 h às 9 h	9 h às 10 h	8 h às 9 h
Brincar com os amigos	10 h 30 às 11 h 10	10 h 30 às 11 h 10	10 h 30 às 11 h 10	10 h 30 às 11 h 10	10 h 30 às 11 h 10
Assistir à TV ou jogar *videogame*	20 h às 21 h	20 h às 21 h	20 h às 21 h	20 h às 21 h	20 h às 21 h
Praticar esportes	9 h às 10 h	–	9 h às 10 h	–	9 h às 10 h
Dormir	22 h às 7 h	22 h às 7 h	22 h às 7 h	22 h às 7 h	22 h às 7 h

_____

_____

_____

_____

5 Leia o texto abaixo e, em seguida, faça o que se pede.

www.psiqweb.med.br/site/area=NO/LerNoticia&idNoticia=46

BOM HUMOR E SAÚDE

e-mail

| educação | esporte | saúde | cultura | política | lazer | planeta | opinião |

[...] Há alguns anos, afirmar que existia uma vinculação direta entre o humor e a boa saúde era quase uma **heresia** para a ciência. Hoje em dia, a medicina em geral e a psiquiatria, em particular, estudam muito a importância do bom humor, dos bons sentimentos e da afetividade sadia na qualidade de vida e na saúde global da pessoa. [...]

Os efeitos do bom humor sobre a saúde física são tão evidentes que uma boa e sincera risada pode ter a importância de uma sessão de ginástica. [...]

Mas, quando se fala em risos e risadas, não estamos falando da pessoa que conta **anedotas**, que ri à toa. [...] O bom humor, na realidade, diz respeito a rir-se das coisas em geral, [...] dos pequenos problemas do dia a dia, e, até mesmo, dos tempos difíceis pelos quais passamos.

Trata-se de levar a vida de forma mais leve [...].

- **heresia:**
  ideia, prática ou teoria contrária a qualquer doutrina estabelecida.

- **anedotas:**
  acontecimentos curiosos, piadas.

BALLONE, G. J. O impacto do (bom) humor sobre o estresse e a saúde. **PsiqWeb**. Disponível em: <www.psiqweb.med.br/site/?area=NO/LerNoticia&idNoticia=46>. Acesso em: mar. 2020.

- Qual(is) das crianças está(ão) afirmando algo compatível com as ideias do texto acima? Explique sua resposta.

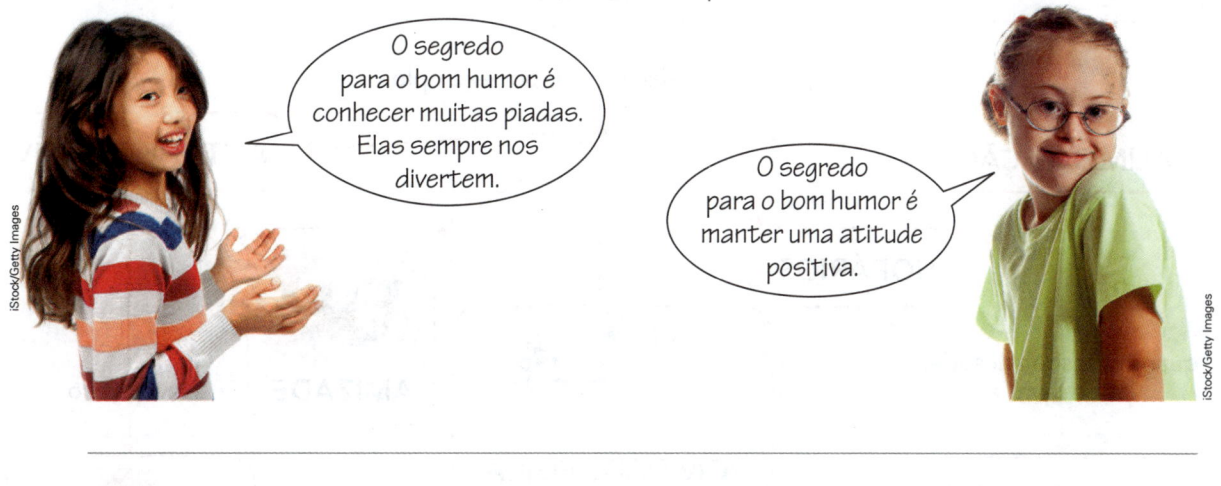

O segredo para o bom humor é conhecer muitas piadas. Elas sempre nos divertem.

O segredo para o bom humor é manter uma atitude positiva.

_____

_____

_____

Vamos ver de novo?

Neste capítulo você aprendeu que:

- Nossa saúde é influenciada pelo nosso estilo de vida e pelo contexto social em que vivemos.
- Hábitos alimentares inadequados e sedentarismo podem acarretar obesidade.
- Hoje em dia a população é, em média, mais obesa do que no passado.
- A obesidade está associada ao aumento do risco para vários problemas de saúde.
- Nosso estilo de vida é determinado por nossos hábitos.
- Alguns hábitos promotores de saúde estão relacionados a alimentação; atividade física; organização de tempo para trabalho, descanso e lazer; manutenção de amizades; e uma atitude mental positiva.

SAÚDE

é influenciada por

ESTILO DE VIDA   **SOCIEDADE**

é determinado por   influencia

HÁBITOS

podem se relacionar a, por exemplo,

ALIMENTAÇÃO · Toey Toey/Shutterstock

HORÁRIOS

ATIVIDADE FÍSICA · Nomad_Soul/Shutterstock

AMIZADE · Monkey Business Images/Shutterstock

ATITUDE POSITIVA

quando desbalanceada, pode levar à

OBESIDADE

evita o

SEDENTARISMO

favorece o

BOM HUMOR · file404/Shutterstock

1 Ajude a escrever a **Enciclopédia digital das crianças**, explicando os termos abaixo.

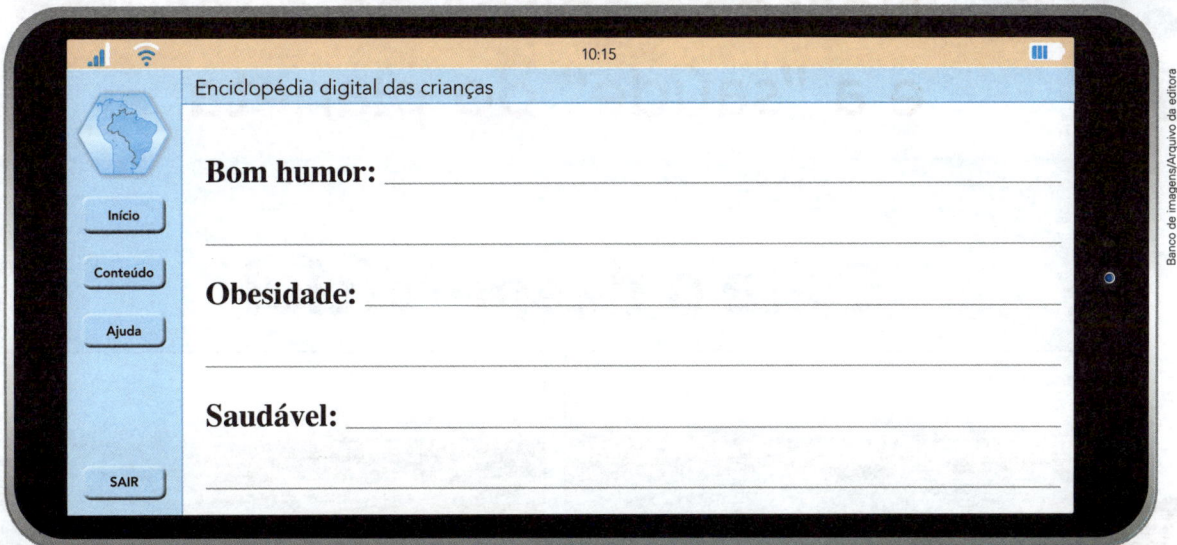

Enciclopédia digital das crianças

10:15

Início

Conteúdo

Ajuda

SAIR

Bom humor: _____

_____

Obesidade: _____

_____

Saudável: _____

_____

2 Analise o que as pessoas disseram. Depois, troque ideias com os colegas e responda: Quais dessas pessoas apresentam um estilo de vida saudável?

Minha vida é uma correria, nunca dá tempo de almoçar. Vivo comendo lanches e guloseimas.

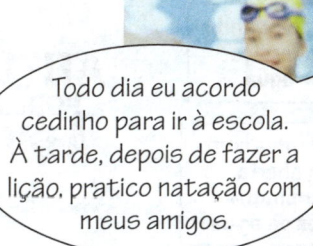

Todo dia eu acordo cedinho para ir à escola. À tarde, depois de fazer a lição, pratico natação com meus amigos.

Eu gosto de dormir tarde. O problema é acordar cedo para ir à escola.

Eu me preocupo com a minha alimentação. Raramente como alimentos industrializados.

3 Agora é hora de você refletir e se posicionar:
Você tem um estilo de vida saudável?
Escreva um texto no caderno justificando sua resposta.

O que eu devo fazer para ter um estilo de vida saudável quando for mais velho?

8

Nossos hábitos de consumo e a "saúde" do planeta

Companhia de água alerta:
Evite o desperdício!

Vista do Açude Cocorobó durante o período de cheia no Parque Estadual de Canudos, Bahia, 2019.

Vista do Açude Cocorobó durante o período de seca no Parque Estadual de Canudos, Bahia, 2019.

Uma torneira pingando por 1 h desperdiça 1,9 litro de água.

Escovar os dentes com a torneira aberta durante 5 minutos gasta 12 litros de água.

PEQUENAS **ATITUDES** PODEM FAZER **A DIFERENÇA.**

Um banho de chuveiro de 15 minutos gasta 243 litros de água.

Manter a torneira aberta por 15 minutos durante a lavagem de louça desperdiça 140 litros de água.

 O que você pode fazer para cuidar da "saúde" do planeta?

Para iniciar

Já vimos o que podemos fazer pela nossa saúde. Vamos agora estudar o que podemos fazer pela saúde do planeta.

- Troque ideias com os colegas: Como seus hábitos de consumo afetam a preservação dos recursos naturais?

- Converse com os membros da sua família: Se faltasse água por 24 horas, o que mudaria na rotina de casa?

- Onde pode ser encontrada água na natureza? No caderno, faça um ou mais desenhos para ilustrar a sua resposta.

Atividade prática

Vamos investigar quanta água gastamos para lavar as mãos?

Como fazer

1. Coloque uma bacia em uma pia, embaixo da torneira.

2. Lave as mãos de forma que toda a água utilizada fique acumulada na bacia.

Material

- Bacia
- Funil
- Recipiente com marcação de volume

3. Utilize um funil para despejar a água da bacia em um recipiente com marcação de volume.

Fotos: Eduardo Santaliestra/Arquivo da editora

4. Veja o volume marcado: ele indica o total de água que você usa para lavar as mãos!

Junto com os colegas, compartilhem no Mural da turma os dados obtidos em outras atividades, como escovar os dentes, lavar a louça, etc.

Nossos hábitos e os recursos naturais

Vamos discutir hábitos de consumo. Isso pode contribuir para a preservação de recursos naturais.

O que você tem feito para cuidar do planeta? Você já parou para pensar que nossos hábitos afetam não somente a nossa saúde, mas também o planeta? Por isso, devemos adotar atitudes diárias que favoreçam a utilização de menos recursos da natureza.

Considere, por exemplo, a madeira usada para produzir papel. Veja alguns modos de como reduzir o consumo de papel:

A madeira retirada da natureza é utilizada na fabricação de papel.

1. Antes de imprimir algo, visualize a impressão na tela do computador. Garantindo uma impressão correta, você estará reduzindo o desperdício de papel.

2. Antes de jogar fora uma folha de papel que já foi utilizada, use o lado dela que ainda está em branco. Assim, você estará reutilizando um papel que ia para o lixo.

3. Finalmente, se você já usou a frente e o verso da folha de papel e não pretende guardá-la, chegou a hora de mandá-la para o lixo. Mas espere... Procure encaminhar a folha e outros materiais feitos de papel para serem tratados e reaproveitados. Assim, você estará reciclando um material que poderá ser utilizado até mesmo para fazer novas folhas de papel.

Ao tomar essas atitudes, você estará pondo em prática a fórmula dos **Rs**:

- **Reduzir** o desperdício.
- **Reutilizar** o que for possível.
- **Reciclar** o que for reciclável.

Adote sempre essa fórmula e acrescente pelo menos mais dois Rs à sua lista: o de **repensar** seus hábitos e o de **recusar** produtos que prejudiquem o ambiente, como embalagens feitas de materiais não recicláveis.

1 Converse com os colegas e o professor: Desde que acorda até a hora de ir dormir, você utiliza muitos recursos da natureza? Será que você está desperdiçando algum deles? Ou você usa os recursos naturais de maneira **ponderada**?

ponderada: examinada com atenção, refletida, pensada sobre algo.

2 Observe as imagens e escreva uma legenda para cada uma delas. Em sua legenda, procure responder: O que a pessoa está fazendo ou o que poderia fazer para usar os recursos naturais de maneira ponderada?

a) _____
_____
_____

b) _____
_____
_____

PAPEL

c) _____
_____
_____

LIXO

d) _____
_____
_____

Ilustrações: Mouses
Sagiorato/Arquivo da editora

COMPRE
AQUI

e) _____
_____
_____

3 A imagem abaixo representa uma janela de impressão da tela de um computador. Se você precisa imprimir algo, o que acha que pode ser feito para que sejam utilizados menos recursos naturais?

_____

_____

_____

_____

_____

Mouses Sagiorato/Arquivo da editora

IMPRIMIR

Impressora
Nome: Impressora Impressione 3000 - Jato de tinta   Propriedades
Tipo: Impressora jato de tinta
☐ Imprimir em arquivo
Intervalo de páginas:
☐ Frente e verso
✓ Todas
☐ Página atual   Número de cópias: 1
Páginas: ✓ Agrupar
Imprimir: Documento   Página
Opções   OK   Cancelar

4 Leia a história em quadrinhos desta página e da próxima. Depois, responda:

a) Se você estivesse em uma feira de artesanato, compraria tudo o que visse pela frente ou só o que de fato achasse necessário?

_____

_____

_____

b) Na sua opinião, o que leva uma pessoa a querer comprar tudo o que vê?

5 Consulte um dicionário, troque ideias com os colegas e, depois, explique com suas palavras o significado dos termos abaixo.

consumismo: _____

_____

consumo: _____

_____

b
c
d
e
f
g
h
i

Banco de imagens/Arquivo da editora

Como você responderia à pergunta da menina?

Refletindo sobre a água

Vamos descobrir onde encontramos água na natureza e refletir sobre o consumo desse importante recurso.

Será que você anda gastando muita água?

A água é um importante recurso cíclico na natureza. Ela pode estar em geleiras, nas nuvens, na chuva, nos lagos, rios e oceanos, abaixo da superfície da terra, no ar, no corpo de seres vivos, etc.

Isso está associado ao fato de a água sofrer transformações de estado físico reversíveis: ela pode se apresentar no estado sólido, líquido ou gasoso.

Elementos representados em tamanhos não proporcionais entre si.

Mauro Nakata/Arquivo da editora

Representação do ciclo da água.

Por exemplo, a água que está no corpo de uma planta pode sair dele por um processo chamado evapotranspiração – a água líquida passa para o estado gasoso (conhecido como vapor de água) e se mistura com o ar. A água dos rios e lagos também pode evaporar. Quando esfria, o vapor de água se condensa e muda para o estado líquido. As gotículas de água que surgem podem formar as nuvens e, quando essas gotas ficam grandes e pesadas, lá vem a chuva!

A água da chuva pode cair no solo, nos oceanos, nos rios, nos lagos, etc.

Quando exposta a uma temperatura muito baixa, a água líquida se solidifica. As geleiras são formadas por água no estado sólido.

Apesar de haver água em grande quantidade e de ela ter um ciclo no planeta, só uma pequena parte dela está disponível para consumo humano. Por isso, temos que valorizar muito a água de boa qualidade que chega à torneira de nossas casas.

1 Termine de preencher o quadro com os dados informados no folheto ilustrado na página 114, no início deste capítulo.

Atividade	Tempo	Gasto de água (em litros)
Torneira pingando	1 hora	
Escovar os dentes com a torneira aberta		
Lavar a louça com a torneira aberta		
Tomar banho com o chuveiro aberto		

2 Agora, com base nas informações do folheto ilustrado no início deste capítulo (página 114), ajude a aluna a fazer as contas e preencha os espaços abaixo.

a) Ao escovar os dentes com a torneira aberta por 5 minutos, uma pessoa gasta, em média, _____ litros de água.

b) Ao lavar a louça com a torneira aberta por 7,5 minutos, uma pessoa gasta, em média, _____ litros de água.

c) Quando toma banho por 30 minutos com o chuveiro ligado o tempo todo, uma pessoa gasta, em média, _____ litros de água.

d) Uma torneira gotejando chega a desperdiçar, aproximadamente, _____ litros de água por dia.

Lembre-se: use a água para fazer tudo o que precisa, mas nada de desperdício!

3 Usando os dados de consumo de água apresentados na página 114, faça as contas e registre suas respostas no caderno.

a) Ao lavar a louça com a torneira aberta por 15 minutos, gastamos quantos litros de água a mais do que ao escovar os dentes com a torneira aberta por 5 minutos?

b) Tomar banho de chuveiro por 15 minutos significa gastar quantos litros a mais de água do que lavar a louça com a torneira aberta por 15 minutos?

4 Converse com os colegas e, juntos, marquem com um **X** as situações retratadas abaixo que mostram desperdício de água.

O que **não** pode ser feito em relação ao consumo de água?

Fechar a torneira enquanto escova os dentes.

Desligar o chuveiro enquanto se ensaboa.

Deixar de molho os pratos que serão lavados.

Ligar o chuveiro antes de entrar no banho.

Lavar o carro com mangueira.

Deixar a torneira aberta enquanto ensaboa a louça.

Usar a máquina de lavar com sua capacidade total de roupas.

Deixar a mangueira aberta no quintal.

Ilustrações: Sidney Meireles/ Arquivo da editora

5 Agora é hora do debate! Troque ideias com os colegas e manifeste-se: O que você faz para cuidar da água?

Giz de Cera/Arquivo da editora

6 Identifique os locais onde podemos encontrar água, com base no texto e na ilustração da página 120, e preencha a cruzadinha. Em seguida, escreva na lista em qual estado físico a água está em cada caso.

Onde podemos encontrar água

Estado físico

1. Líquido

2. _____

3. _____

4. _____

5. _____

6. _____

7. _____

8. _____

7 Observe os desenhos que alguns alunos fizeram para representar onde há água. Elabore uma legenda para cada imagem e, no caderno, faça um novo desenho que mostre um lugar diferente dos já representados por essas crianças.

A

B

C

D

_____   _____   _____   _____

_____   _____   _____   _____

_____   _____   _____   _____

8 Leia a história da gotinha de água apresentada nesta página e na página seguinte.

Aventuras de Tininha, a gotinha

Esta é a história de uma gota de água chamada Tininha.

Há muito tempo, no oceano, Tininha começou a ficar inquieta: "Nem sei há quanto tempo estou nessa vida, indo para cá e para lá com o balanço das ondas, das marés, das correntes oceânicas... Às vezes vou parar em lugares mais profundos, escuros e frios. Ainda bem que estou cercada de minhas amiguinhas gotas de água. Elas são legais, mas é que faz tanto tempo que estou aqui! Queria conhecer outros lugares. Viajar. Explorar coisas novas. Gostaria tanto de estar mais perto da superfície e poder ver o Sol novamente....".

Um dia, sem se dar conta, a gotinha sentiu o calorzinho do Sol esquentando as suas costas: "Que gostoso! Estou me sentindo tão quentinha!", exclamou.

9 Veja como ficou o desenho que um aluno começou a fazer para ilustrar a história. Nele, indique com setas o caminho que a gotinha de água percorreu.

> Escolha uma etapa da história e, no caderno, reconte-a com suas próprias palavras.

De repente, começou também a se sentir levitando: "O que está acontecendo?". Foi quando ela se deu conta: "Opa! Estou evaporando!". Mas, sempre que isso acontecia, Tininha sentia um pingo de medo: "Oh, não! Está começando a ficar muito alto! Eu tenho medo de altura! Eu quero voltar!".

Mas não havia mais como voltar. Agora, Tininha se sentia terrivelmente estranha. Ela já deixara de ser líquida. Sentia-se agitada por dentro. Ela havia se transformado em vapor de água. Estava invisível e se misturava ao ar.

E continuava subindo, subindo. Cada vez mais e mais alto. Só que, à medida que subia, Tininha ia sentindo mais frio...

Texto do autor com base em: BANISTER, F.; RYAN, C. Developing science concepts through story-telling. **School Science Review**, v. 83, n. 302, p. 75-83, 2001.

> Elabore no caderno uma continuação para a história: O que aconteceu com a gotinha depois que ela subiu ao céu e esfriou bastante? Em seu texto use a expressão "transformações reversíveis". Compartilhe sua versão com os colegas.

wanchai waewsra/Shutterstock

Hagaquezart Estúdio/arquivo da editora

10 Observe os desenhos que um aluno fez para representar uma possível cena da história. No caderno, escreva uma legenda para cada desenho, explicando o que você acha que foi representado.

Hagaquezart Estúdio/Arquivo da editora

Sugestão de... Revista

Por que as nuvens de chuva são escuras?
M. A. S. Dias. Rio de Janeiro: Instituto Ciência Hoje, n. 197, 2008. p. 7.

Vamos ver de novo?

Neste capítulo você aprendeu que:

- Devemos estar atentos aos nossos hábitos de consumo. Assim, contribuímos para a preservação de recursos naturais.

- Podemos reduzir o desperdício, reutilizar materiais e reciclar o que for possível.

- Devemos consumir água de maneira consciente, sem desperdiçar esse importante recurso.

- As nuvens são formadas de gotículas de água.

- A água pode ser encontrada em diferentes locais na natureza e em diferentes estados físicos: sólido, líquido ou gasoso.

- As transformações de estados físicos são reversíveis.

1 Agora é a sua vez! Com um colega, faça um cartaz explicando o que podemos fazer para economizar água.

Hagaquezart Estúdio/Arquivo da editora

2 Com base no que você estudou neste capítulo, complete o quadro abaixo.

	Ação	Resultado final: pode transformar-se em
Água líquida	Aquecimento	
Vapor de água	Resfriamento	
Água líquida	Resfriamento	

3 Converse com um colega e ajude a esclarecer a dúvida do menino. Explique se você concorda ou não com o que diz a menina.

Mouses Sagiorato/Arquivo da editora

Quando colocamos água no congelador, ela desaparece e surge algo novo em seu lugar: o gelo.

Se a chuva é água líquida que cai do céu, como essa água foi parar lá?

Tecendo saberes

1 Leia o poema abaixo e discuta com os colegas: O que é diversidade?

Diversidade

Um é feioso
Outro é bonito
Um é certinho
Outro, esquisito

Um é magrelo
Outro é gordinho
Um é castanho
Outro é ruivinho

Um é tranquilo
Outro é nervoso
Um é birrento
Outro é dengoso

[...]

Um, preguiçoso
Outro, animado
Um é falante
Outro é calado

[...]

Olho redondo
Olho puxado
Nariz pontudo
Ou arrebitado

Cabelo crespo
Cabelo liso
Dente de leite
Dente de siso

Um é menino
Outro é menina
(Pode ser grande
ou pequenina)

Um é bem jovem
Outro, de idade
Nada é defeito
Nem qualidade

Tudo é humano,
Bem diferente
Assim, assado
Todos são gente

Cada um na sua
E não faz mal
Di-ver-si-da-de
É que é legal!

Vamos, venhamos
Isto é um fato:
Tudo igualzinho
Ai, como é chato!

BELINKY, Tatiana. **Diversidade**.
São Paulo: Quinteto Editorial, 1999.

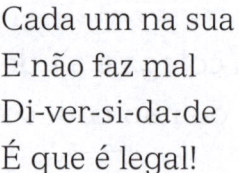

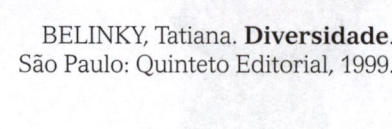

Ilustrações: Hágaquezart Estúdio/Arquivo da editora

Discuta com os colegas:
Você concorda com as
ideias da autora do
poema acima?

2 Complete a cruzadinha com os termos usados no poema da página anterior.

1. Antônimo de nervoso.
2. Antônimo de feio.
3. Antônimo de calado.
4. Antônimo de pequeno.
5. Antônimo de crespo.
6. Antônimo de defeito.

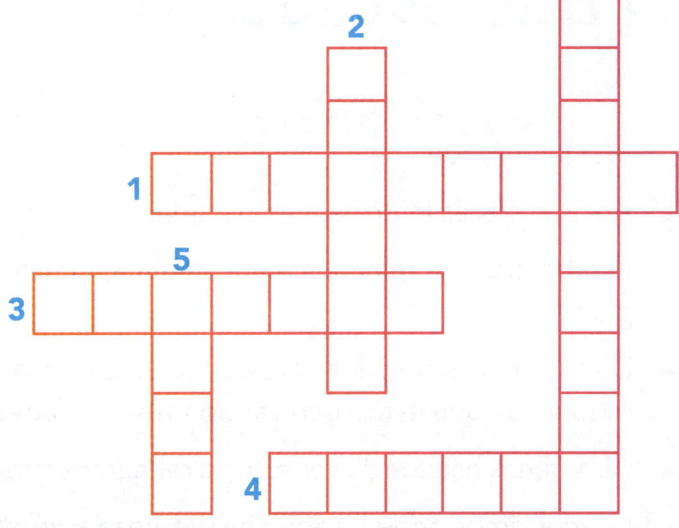

3 Faça as contas, resolva os enigmas matemáticos e escreva as respostas:

a) Se cada estrofe tem quatro versos, e são apresentadas 11 estrofes, quantos versos foram apresentados no total?

_____

b) Oito estrofes do texto colocam palavras antônimas. Se cada uma dessas estrofes coloca um par de palavras antônimas, quantas palavras antônimas são citadas no texto?

_____

4 Observe as imagens de crianças de aproximadamente 11 anos. Compare-as usando antônimos.

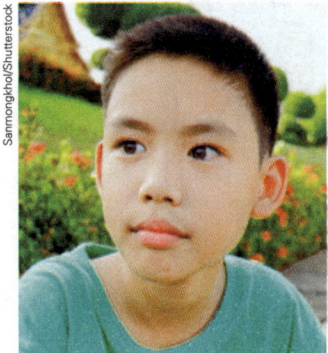 

Sammongkhol/Shutterstock

João Prudente/Pulsar Imagens

_____

_____

_____

_____

_____

O que estudamos

Nesta unidade:

- Analisamos as informações contidas nas embalagens de alimentos.

- Estabelecemos relações entre hábitos, nossas atitudes, nossa saúde e a saúde do planeta.

- Discutimos as transformações que o corpo humano vem sofrendo em função das mudanças que estão ocorrendo na sociedade.

- Discutimos hábitos de consumo e refletimos sobre a preservação dos recursos naturais.

- Descobrimos onde há água na natureza e refletimos sobre o consumo desse importante recurso.

Observe as imagens e relembre o que você estudou. Depois, discuta com os colegas e com o professor: O que você aprendeu que antes não sabia?

Você...

Registre suas ideias no caderno.

Fernando Favoretto/Arquivo da editora

... analisou as informações nutricionais mostradas nas embalagens de alimentos.

... aprendeu quais são as orientações da pirâmide alimentar.

ifong/Shutterstock

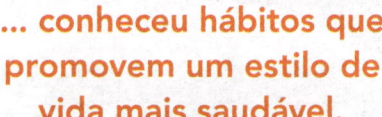

... explorou o tema do aumento da obesidade na população.

... conheceu hábitos que promovem um estilo de vida mais saudável.

... discutiu hábitos de consumo e refletiu sobre a preservação de recursos naturais.

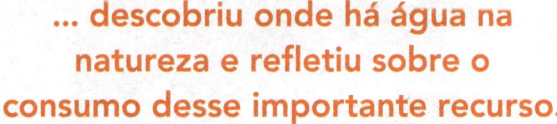

... descobriu onde há água na natureza e refletiu sobre o consumo desse importante recurso.

Para refletir e conversar

Folheie as páginas anteriores e reflita sobre valores, atitudes e o que você sentiu e aprendeu nesta unidade.

- Como você tem cuidado da sua alimentação ultimamente? Você começou a seguir alguma das orientações da pirâmide alimentar?

- O que você tem feito no seu dia a dia para ter um estilo de vida promotor de saúde?

- Atualmente, você se considera uma pessoa saudável?

- Depois do que você estudou nesta unidade, o que você tem feito para consumir água de maneira consciente? E os seus hábitos de consumo de maneira geral: eles mudaram?

4 Admirável mundo novo

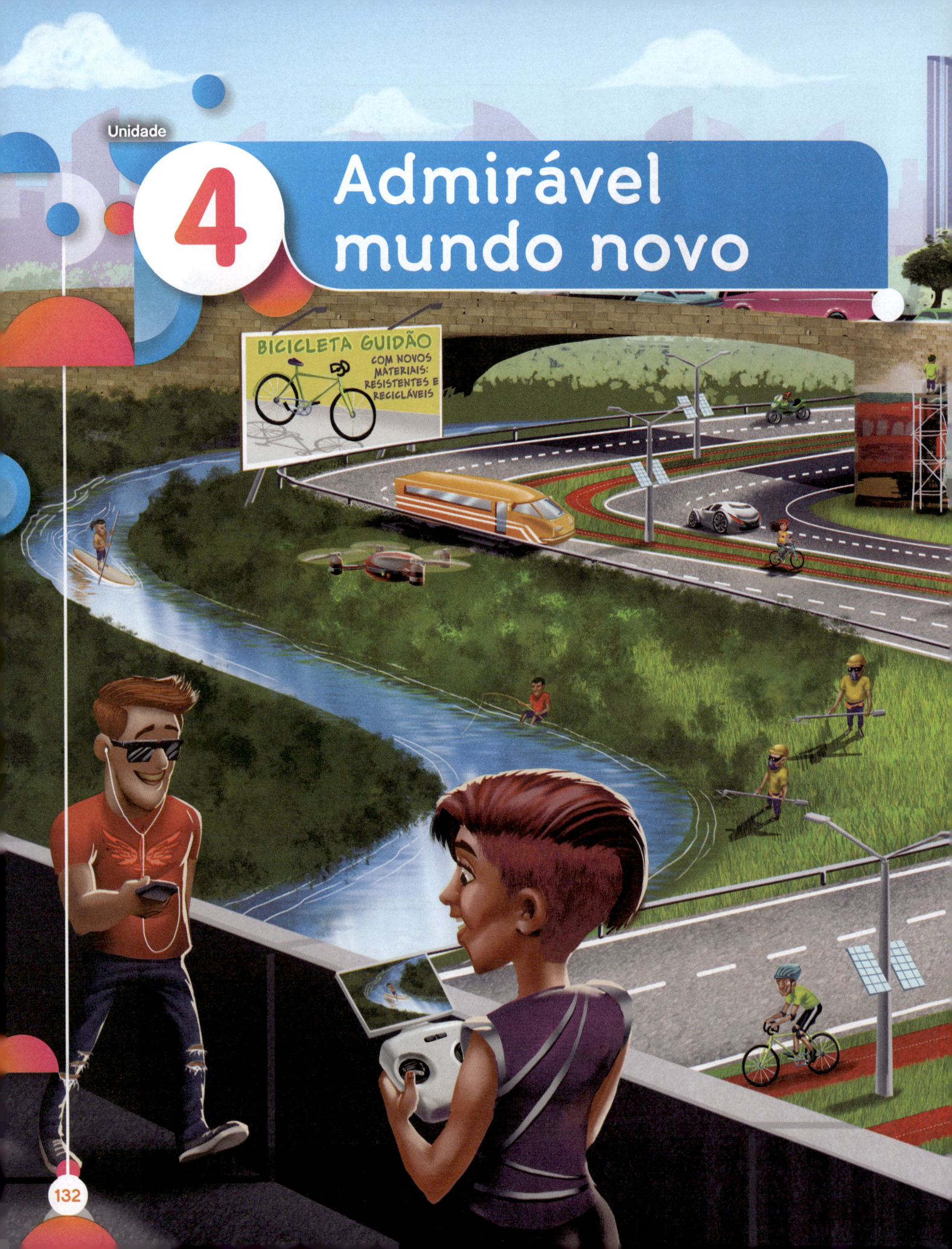

BICICLETA GUIDÃO
COM NOVOS MATERIAIS: RESISTENTES E RECICLÁVEIS

Rubens Gomes/Arquivo da Editora

QUALIDADE DO AR:
BOA

- Que invenções você pode identificar na imagem? O que você acha que elas trouxeram de positivo para a humanidade? E de negativo?
- Onde você já viu lixeiras parecidas com as que aparecem nesta imagem?
- Imagine como será o dia a dia das pessoas daqui a alguns anos. Com que fontes de energia funcionarão as invenções que elas vão usar?

9 Materiais no lixo e reciclagem

Trabalhadores separando materiais recicláveis na Associação dos Catadores de Materiais Recicláveis em Jequitinhonha, Minas Gerais, 2019.

 Como podemos aproveitar recursos que foram parar no lixo?

Para iniciar

Neste capítulo vamos explorar materiais criados pelo ser humano e saber como parte desses materiais – que acaba sendo jogada no lixo – pode ser reciclada.

- No caderno, faça uma lista dos materiais e das invenções que você observa à sua volta. Compare sua lista com a de um colega.

- Você acha que seria possível reutilizar parte do lixo produzido na sua casa? Como?

- Você já viu postos de coleta de lixo especiais para descarte de eletroeletrônicos? E para descartar objetos de plástico? E para descartar óleo de cozinha?

Atividade prática

O que acontece se você descartar o óleo de cozinha de sua casa junto com a água? Faça a atividade a seguir e verifique.

Material
- Água
- Copos transparentes
- Detergente
- Óleo de cozinha
- Sal de cozinha
- Tinta guache
- Vinagre

Como fazer

1. Coloque um pouco de água em vários copos, todos transparentes.

2. Em cada copo despeje uma substância ou material diferente: óleo, vinagre, sal, detergente ou tinta guache, por exemplo.

Fotos: Sérgio Dotta Jr./Arquivo da editora

3. Agite cada mistura com uma colher e espere alguns segundos.

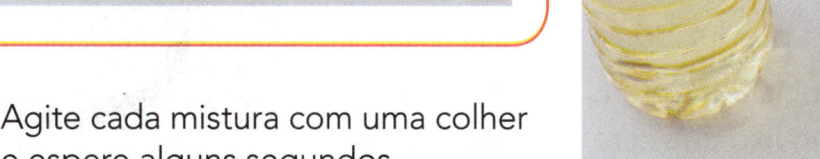

Troque ideias com o professor, faça pesquisas e esclareça: Onde podemos descartar o óleo de cozinha usado? Existe alguma forma de reaproveitá-lo?

4. Verifique o que aconteceu: Em que casos você consegue identificar visualmente o que foi misturado à água?

Invenções: vantagens e desvantagens

Vamos refletir sobre o lado positivo e o lado negativo das invenções.

Hoje há muitos materiais que não existiam no passado: tecidos impermeáveis, plásticos maleáveis, ligas metálicas leves e resistentes, "supercondutores", entre outros. Também há muitas formas de buscar e lidar com informações: *smartphone*, computador, internet, etc. E o acesso a certos produtos é tão simples, que é difícil imaginar a vida sem eles: combustíveis, latas de alumínio, eletroeletrônicos, etc.

smartphone: termo em inglês que significa "telefone inteligente". É um celular com suporte para tecnologias avançadas (como tela sensível ao toque, aplicativos e GPS).

Mas você já notou que, apesar de haver várias formas de comunicação, cada vez menos encontramos os amigos pessoalmente? E que, apesar dos benefícios dos novos materiais e invenções, produzimos cada vez mais lixo?

Esses são alguns dos dilemas mais recentes da sociedade. E você já faz parte deles!

As fraldas descartáveis são feitas de derivados de petróleo, papel e outros materiais.

Pense bem, quando você ainda era bebê, provavelmente usou muitas fraldas plásticas, que são práticas e descartáveis. E o destino de todas foi o lixo! Um bebê nascido atualmente e que utiliza fraldas descartáveis pode produzir muito mais lixo do que um bebê que utiliza fraldas de pano. As fraldas de pano podem ser menos práticas, mas são laváveis e reutilizáveis.

Portanto, as vantagens das invenções são só um lado da moeda. Do outro, pode haver aspectos negativos. Preste atenção, principalmente, ao que você consome e ao lixo produzido:

Um bebê recém-nascido usa, em média, dez fraldas por dia.

- Prefira produtos reciclados ou usados e, ao comprar algo, pense no lixo que será gerado. Os materiais descartados podem ser reaproveitados?

- Plásticos não se decompõem facilmente. Encaminhe-os para reciclagem.

- Não descarte óleo de cozinha no ralo, pois ele dificulta o tratamento do esgoto e pode entupir os canos. O óleo usado pode ser reciclado.

- Eletroeletrônicos podem conter substâncias tóxicas e não devem ser jogados no lixo comum, pois contaminam o ambiente.

1 Observe as imagens desta e da página anterior. Depois, complete o quadro a seguir e cite aspectos positivos e negativos das invenções indicadas. Veja o exemplo.

Invenção	Aspectos positivos	Aspectos negativos
Televisão	Proporciona lazer e informação.	Substitui momentos de lazer ao ar livre, bem como conversas entre as pessoas.
Fralda descartável		
Telefone celular		

Fernig/Getty Images

É hora de debate na turma! Em que época é (ou era) melhor viver: antigamente ou nos dias de hoje? Cite algumas invenções e explique como elas transformam o nosso dia a dia.

Os aparelhos eletrônicos são importantes no nosso cotidiano, mas devemos ficar atentos para que não substituam momentos de lazer e encontros com os amigos e os familiares.

2 Explore este mural que algumas crianças começaram a fazer para abordar o tema deste capítulo.

Troque ideias com os colegas: As tirinhas evidenciam algum aspecto negativo das invenções modernas?

Invenções: usufruir o lado positivo, encarar o lado negativo

Veja algumas cenas do cotidiano em diferentes épocas.

Ilustrações: Giz de Cera/Arquivo da editora

3 Analise as ilustrações acima e, no caderno, preencha um quadro como o abaixo.

Número da ilustração	Qual(is) invenção(ões) merece(m) destaque?	O que é criticado?

4 Ajude as crianças a terminarem o cartaz abaixo: escreva um texto com suas reflexões sobre o lixo produzido pela sociedade atualmente.

Elementos representados em tamanhos não proporcionais entre si.

De olho no lixo

Na minha opinião, hoje em dia o lixo _____

_____

_____

_____

_____

_____

_____

_____

Alerte para a necessidade de consumo consciente.

Fale sobre a importância do descarte adequado de eletroeletrônicos.

Informe que há produtos feitos com materiais reutilizados, reciclados e recicláveis.

5 Com os colegas, façam em uma cartolina um cartaz como o reproduzido acima. Ilustrem mais exemplos de como diminuir o problema do lixo na sociedade atual. Depois, divulguem o cartaz na escola.

Invenções e materiais no dia a dia

Vamos conversar sobre alguns materiais e suas propriedades.

Nós, seres humanos, somos inventivos. O papel em que você escreve, a tinta e a impressora, as palavras e a representação delas pela escrita, tudo isso são invenções. E o que motiva as pessoas a inventar? A resposta talvez seja a necessidade: de abrigo, de saúde, de comida, de comunicação, entre outras coisas.

Em sua casa e na escola há muitos materiais que foram inventados e aperfeiçoados para atender a diferentes necessidades, como o concreto, o plástico PET das garrafas e a cerâmica ou o porcelanato nos pisos.

Naturais ou inventados pelo homem, alguns materiais são mais resistentes ao impacto: os pisos de porcelanato, por exemplo, têm maior **tenacidade** do que os pisos cerâmicos.

Outros materiais são mais flexíveis: uma vara de bambu pode voltar ao formato original, mesmo após ser levemente curvada.

tenacidade: resistência.

Há materiais que não conduzem muito bem nem o calor nem a eletricidade. Eles são considerados isolantes. Alguns exemplos são o isopor, a borracha e a madeira.

É interessante pensar que nossas necessidades e o desejo de inventar parecem nunca ter fim! Por exemplo, se a tinta a óleo que inventamos mancha uma roupa, criamos outra que se misture com água e seja facilmente removida: a tinta guache é assim.

Converse com os colegas: Como seria nosso dia a dia sem essas invenções?

Podemos ainda combinar diferentes materiais. Uma panela, por exemplo, tem materiais bons condutores de calor (como o alumínio) na parte usada para cozinhar e materiais isolantes (como plástico ou madeira) nas partes que seguramos com as mãos (tampa, alças e cabo).

Sugestões de... Livros

Aprendiz de inventor. João Carrascoza. São Paulo: Ática, 2010.

As grandes invenções da humanidade. Michel Rival. São Paulo: Larousse, 2010.

Vidros permitem boa passagem de luz em razão da sua transparência.

Denis Bukhlaev/Shutterstock

1 Preencha o quadro ao lado sintetizando informações do texto da página anterior e das legendas das imagens desta página e da anterior.

Materiais no dia a dia	
Nome do material	Propriedades do material

2 Explore sua sala de aula: De que materiais são feitos os objetos ao seu redor? E quais são as propriedades desses materiais?

As latinhas são feitas de alumínio, um material maleável, bom condutor e reciclável. O alumínio de objetos descartados pode ser reaproveitado.

O concreto é um material bem resistente. Apesar de parecer uma rocha compacta, é moldável enquanto está secando.

Rawpixel.com/Shutterstock

Cesar Diniz/Pulsar Imagens

Alf Ribeiro/Pulsar Imagens

Africa Studio/Shutterstock

Gennadii Komissarov/Shutterstock

As garrafas feitas com PET são transparentes e não quebram facilmente. Elas também voltam ao formato anterior depois de levemente amassadas.

A tinta guache se mistura facilmente à água.

Pilhas e baterias podem conter materiais tóxicos para os seres vivos. Por isso, não devem ser descartadas no lixo comum.

3 Faça os testes abaixo para comparar diferentes materiais e produtos que usamos no dia a dia. Depois, termine os relatórios que começaram a ser feitos.

Teste de flexibilidade e elasticidade

Problema: Borracha e massa de modelar são materiais flexíveis e elásticos?

O que fizemos: Primeiro, com um lápis apertamos um pedaço de massinha de modelar e um pedaço de borracha. Depois, forçamos as extremidades de uma barra de borracha e de uma barra de massinha de modelar, tentando dobrá-las.

colors/Shutterstock

Junior Rozzo/Rozzo Imagens

O que observamos:

O que concluímos:

Fernando Favoretto/Arquivo da editora

Teste de solubilidade

Problema: Conseguimos remover tinta a óleo usando água?

O que fizemos: Separamos uma amostra de tinta a óleo. Depois, despejamos quantidades iguais dessa tinta: parte em um pote com água, parte em um pote com óleo.

O que observamos:

O que concluímos:

4 Analise como as pessoas seguram as panelas, troque ideias com os colegas e responda: Que materiais uma pessoa pode usar para mexer em objetos quentes sem se queimar?

Adultos segurando panelas aquecidas.

_____

_____

_____

5 Observe as imagens e cite algumas propriedades do alumínio.

▶ Elementos representados em tamanhos não proporcionais entre si.

Rolo de papel-alumínio.　　Latinhas de alumínio.　　Lixo de alumínio sendo encaminhado para reciclagem.

_____

_____

_____

_____

Por que reciclar?

Vamos estudar mais a fundo a reciclagem do lixo.

Você sabia que vários materiais utilizados pelo ser humano, como o vidro, o alumínio, o plástico e o papel, são recicláveis? Até mesmo o óleo de cozinha pode ser reaproveitado! E os eletroeletrônicos não devem ser jogados no lixo comum, pois podem contaminar o ambiente com substâncias tóxicas. A reciclagem de lixo é muito importante não só para economizar recursos da natureza. Leia a entrevista abaixo e reflita sobre outros valores associados a essa atividade.

Com a palavra...

Jair do Amaral/Acervo do fotógrafo

... Jair do Amaral, gestor de uma cooperativa de reciclagem.

O que vocês fazem em uma cooperativa de reciclagem de lixo?

Nós recolhemos o lixo reciclável da casa das pessoas e trazemos tudo para nosso centro de triagem. Aqui temos uma grande esteira, onde o lixo é colocado e separado: uma pessoa junta as garrafas PET, outra pessoa, as embalagens de iogurte; uma pessoa separa as revistas e os jornais, outra pessoa, as latinhas de alumínio, etc.

E para onde vai todo esse lixo que vocês separam?

As garrafas PET são vendidas para uma fábrica que as utiliza na fabricação de fibras – que podem ser usadas para fazer roupas, por exemplo. As latinhas de alumínio são vendidas para a indústria, que reaproveita o metal delas para fazer novas latinhas. Os papéis são comprados e reaproveitados por fabricantes de papel.

Em sua opinião, por que o trabalho de vocês é importante?

Damos muito valor ao lixo, pois ele pode ser utilizado novamente como matéria-prima. E o dinheiro que obtemos ao vender esses materiais gera renda para nós, membros da cooperativa. A reciclagem é importante não somente para "poupar" recursos do ambiente, mas também para gerar empregos, proporcionar renda e melhorar a qualidade de vida das pessoas.

O que as crianças podem fazer para contribuir com a reciclagem do lixo?

Todos podem contribuir ajudando a separar o lixo reciclável: afinal, todos somos responsáveis pelo destino do lixo que geramos. Para cada quilograma de lixo produzido em casa, estimamos que cerca de 300 gramas são de produtos que contêm papel, metal, plástico e vidro, que podem ser encaminhados para centros de triagem como o nosso. São sacos e mais sacos de lixo que não serão mais pegos pelo lixeiro comum e, no final das contas, que não vão ficar ocupando espaço nos aterros sanitários.

1. Escreva para a **Enciclopédia digital das crianças**! Termine de explicar o que significam os símbolos encontrados nas embalagens de diferentes produtos.

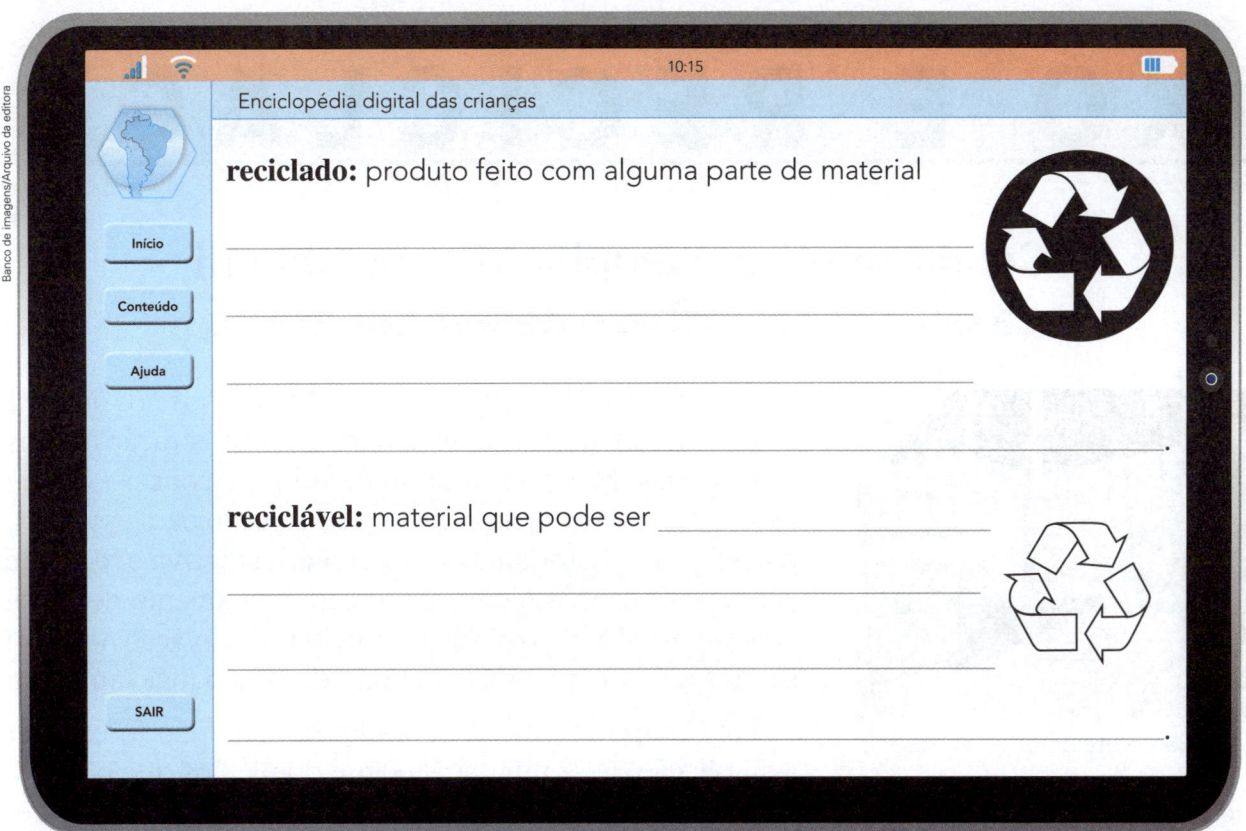

Enciclopédia digital das crianças

10:15

Início

Conteúdo

Ajuda

reciclado: produto feito com alguma parte de material

_____

_____

_____

_____.

reciclável: material que pode ser _____

_____

_____

SAIR

_____.

2. No supermercado, você encontrou os produtos abaixo. Quais deles você compraria? Troque ideias com os colegas e explique os motivos da sua escolha.

A — R$ 5,00

B — R$ 5,00

C — R$ 10,00

D — R$ 10,00

_____

_____

_____

_____

3 Veja como ficou o cartaz que alguns alunos fizeram, com informações sobre a reciclagem do lixo. Leia atentamente o texto.

LIXO E RECICLAGEM

Coleta seletiva é ampliada para 100 mil casas e expectativa é desafogar aterro

Posto de coleta seletiva em escola na aldeia indígena urbana da etnia Terena, em Campo Grande, Mato Grosso. Fotografia de 2016.

A destinação de resíduos sólidos produzidos nos domicílios sempre foi um grande dilema para a administração das grandes cidades. Mas nem todo mundo tem a consciência e, em alguns casos, a informação de que a solução para esse problema passa, obrigatoriamente, pela **coleta seletiva** e reciclagem, já que esse processo garante o reaproveitamento de embalagens de papel, vidros e plásticos, evitando a lotação nos aterros sanitários e, de quebra, contribuindo com o meio ambiente.

Em Campo Grande, essa prática deve ganhar força [...] com a ampliação de 32 mil para 100 mil domicílios que passarão a integrar o sistema de coleta seletiva implantado pela prefeitura há três anos, o que vai corresponder ao recolhimento do lixo produzido por 182,6 mil pessoas.

[...] Neste primeiro momento os coletores estão fazendo um trabalho de conscientização com a população, [...] explicando sobre os benefícios do sistema. [...] A expectativa é que dentro de um mês a população das novas áreas já esteja acostumada com a dinâmica e participando da coleta seletiva.

[...]

Para que o processo funcione corretamente, a população precisa fazer a separação dos resíduos secos do lixo orgânico – basicamente plástico, vidro, alumínio, papel (sem uso e seco) e latas. Outros materiais, como pilhas, lâmpadas e baterias deverão ser devolvidos nos locais de compra, como lojas do comércio. [...]

LIMA, F. Coleta seletiva é ampliada para 100 mil casas e expectativa é desafogar aterro. **Campo Grande News.** Disponível em: <www.campograndenews.com.br/meio-ambiente/coleta-seletiva-e-ampliada-para-100-mil-casas-e-expectativa-e-desafogar-aterro>. Acesso em: jan. 2020.

> Troque ideias com os colegas: O que você acha que é preciso para implementar com sucesso a coleta seletiva de lixo?

 4 Depois de ler o texto do cartaz, responda no caderno:

a) O que é coleta seletiva?

b) Qual é a relação entre coleta seletiva de lixo e reciclagem?

5 Agora é a sua vez! Imagine que você é um jornalista. Escreva abaixo parte de uma reportagem com o título "Por que reciclar?".

Na sua reportagem, complete as frases que aparecem no cartaz. Compartilhe sua reportagem com os colegas e veja a que eles fizeram.

Por que reciclar?

Recursos naturais são _____

_____

_____

_____

Alguns problemas decorrentes da produção de grande quantidade de lixo são _____

_____

_____

_____

É importante reciclar porque _____

_____

_____

_____

6 Com mais dois colegas, faça cartazes para serem divulgados na escola. Em cada cartaz, alerte sobre a importância da reciclagem e dê dicas do que cada um pode fazer no dia a dia para contribuir com essa prática.

Vamos ver de novo?

Neste capítulo você aprendeu que:

- As invenções atendem a diferentes necessidades humanas.

- Podemos considerar que as invenções têm aspectos positivos e negativos.

- Diferentes materiais possuem diferentes características de solubilidade, tenacidade, elasticidade e condutibilidade, por exemplo.

- A coleta seletiva de lixo viabiliza a reciclagem de alguns materiais, como vidro, plástico, metal, papel, entre outros.

- Por meio da reciclagem, materiais existentes no lixo podem ser reaproveitados.

- A reciclagem de lixo contribui para gerar renda e emprego.

- Nas embalagens de diferentes produtos, podem estar indicados os símbolos "reciclado" ou "reciclável".

1 A cruzadinha com o nome de diferentes materiais já está resolvida. Crie questões para cada item da cruzadinha, utilizando os termos do banco de palavras.

transparência   tenacidade   condutibilidade   reciclagem

Elementos representados em tamanhos não proporcionais entre si.

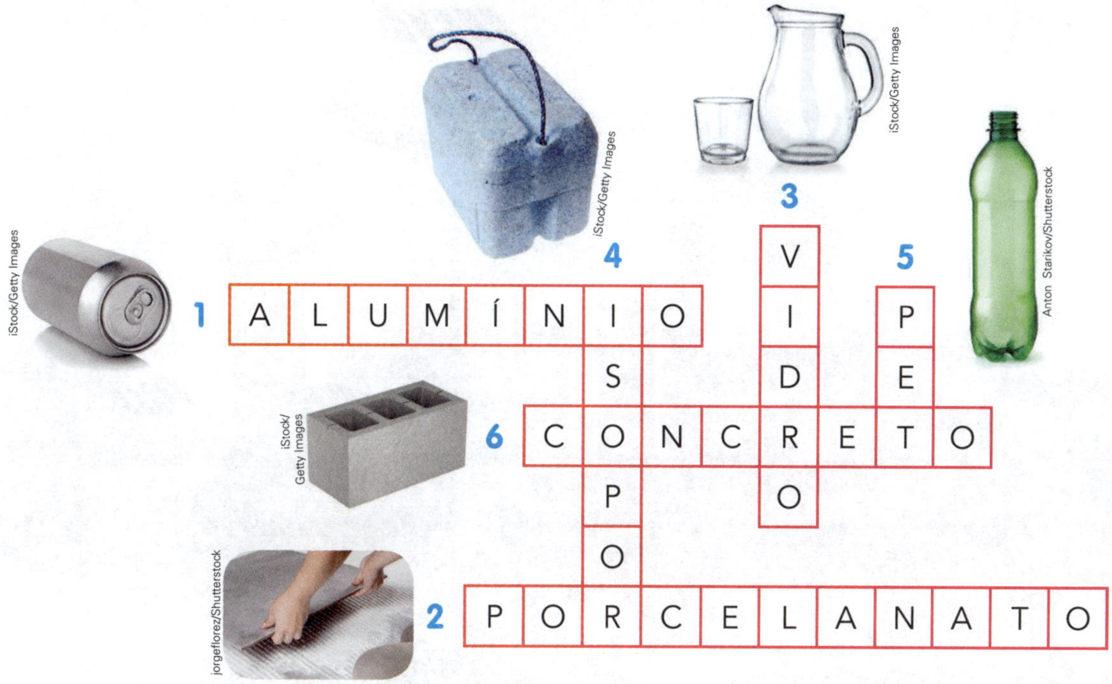

		4				3		5	
						V			
1	A L U M Í N I O					I		P	
		S				D		E	
6		C O N C R E T O				R			
		P				O			
		O							
2		P O R C E L A N A T O							

1. _____

2. _____

3. _____

4. _____

5. _____

6. _____

2 Veja o que as crianças estão falando após estudar o conteúdo do capítulo e, em seguida, preencha as falas de cada uma.

Ao comprar algum produto, prefira embalagens _____.

Pense no lixo que será gerado: os materiais descartados podem ser reaproveitados?

Não descarte óleo de cozinha no ralo, pois ele dificulta o tratamento do esgoto e pode entupir canos. O óleo usado pode _____.

Mouses Sagiorato/Arquivo da editora

Ciência, tecnologia e o nosso futuro

Como serão as cidades no futuro?

Para iniciar

Neste capítulo vamos explorar alguns problemas das grandes cidades e as fontes de energia que utilizamos. Também refletiremos sobre a influência do conhecimento científico e tecnológico na sociedade em que vivemos.

- Como você imagina que eram as ruas de uma grande cidade no início do século XX? E como serão essas ruas no final do século XXI?

- Você sabe quais são, hoje, as principais fontes de energia que o ser humano utiliza?

- Na sua opinião, o que é necessário fazer para reverter o problema da poluição do ar nas grandes cidades?

Atividade prática

Que tal checar a temperatura na escola e seus entornos: Será que descobriremos alguma "ilha de calor"?

Material
- Borracha
- Caderno, se necessário
- Lápis
- Termômetro

👥 Como fazer

1. Com a ajuda do professor, providencie um termômetro para medir a temperatura ambiente.

Sérgio Dotta Jr./Arquivo da editora

2. Acompanhado do professor e dos colegas, façam um passeio exploratório na escola. Vocês vão medir a temperatura em diferentes locais: próximo do piso de asfalto ou cimento, do chão de terra, das plantas, das paredes de alvenaria, do vidro das janelas, dos muros de pedra, etc.

3. No quadro abaixo, registre os dados obtidos, como no exemplo. Se precisar de mais linhas, faça um quadro no caderno com base neste modelo.

Local	Temperatura
Piso de cimento	40 °C

4. Compartilhe os dados com os colegas: Em quais locais foram observadas as temperaturas mais altas?

Problemas nas grandes cidades

Vamos refletir sobre problemas enfrentados nas grandes cidades nos dias de hoje.

Elementos representados em tamanhos não proporcionais entre si.

Como eram as ruas de uma grande cidade no começo do século XX?

Por volta de 1900, ainda havia muitos veículos puxados por animais. Algumas ruas eram calçadas com pedras, mas a maioria era de terra. Sítios com plantações ficavam perto dos centros urbanos. Rios e córregos corriam a céu aberto e seus entornos alagavam no período mais chuvoso, podendo formar **várzeas**.

> **várzea:** terreno baixo e plano, em geral à margem de um rio.

Desde então, as grandes cidades mudaram muito. A temperatura nos centros urbanos passou a ser mais alta do que nas áreas rurais próximas, em um mesmo dia, formando as chamadas ilhas de calor. Muitos rios e córregos foram canalizados e suas margens foram cobertas por construções e avenidas. O uso de veículos que queimam combustível cresceu tanto que os congestionamentos e a poluição do ar se tornaram um problema.

Nos dias mais quentes, o asfalto esquenta e os prédios dificultam a circulação do ar. E, quando há fortes chuvas sobre o chão impermeável, muita água escorre pelas sarjetas até chegar aos córregos e aos rios, que rapidamente se enchem e causam alagamentos.

Mas uma boa administração pode melhorar a vida nas cidades:

- Retirando a cobertura dos rios e ampliando suas margens. Assim a água das chuvas tem onde se depositar e as várzeas naturais são recuperadas.

- Criando áreas verdes, pois, com mais plantas, a temperatura e a umidade do ar tendem a ficar mais agradáveis.

- Pavimentando ruas com materiais que refletem mais os raios solares, diminuindo o superaquecimento nos centros urbanos.

Maurício Simonetti/Pulsar Imagens

Detalhe de relógio de rua que indica a temperatura e a qualidade do ar na cidade de São Paulo, no estado de São Paulo, na primavera de 2019. Neste grande centro urbano, é comum o registro de alguns dias com temperatura acima da média para determinada época do ano e de poluição do ar.

Como os próprios habitantes podem contribuir para melhorar a qualidade de vida nas cidades?

1 Pesquise imagens de uma cidade em diferentes épocas. Depois, preencha o quadro a seguir.

Quais elementos citados no texto não aparecem nas imagens pesquisadas?

Algumas características das grandes cidades	
De antigamente	De hoje em dia

2 Observe as imagens abaixo. Escreva uma legenda para cada uma delas explicando o que foi feito e como isso melhora a qualidade de vida nas cidades.

Cesar Diniz/Pulsar Imagens

Rubens Chaves/Pulsar Imagens

Vergani Fotografia/Shutterstock

3 Explore o mural que alguns alunos fizeram sobre o tema "As cidades de hoje em dia". Primeiro, analise os gráficos e, no caderno, responda às questões que as crianças fizeram.

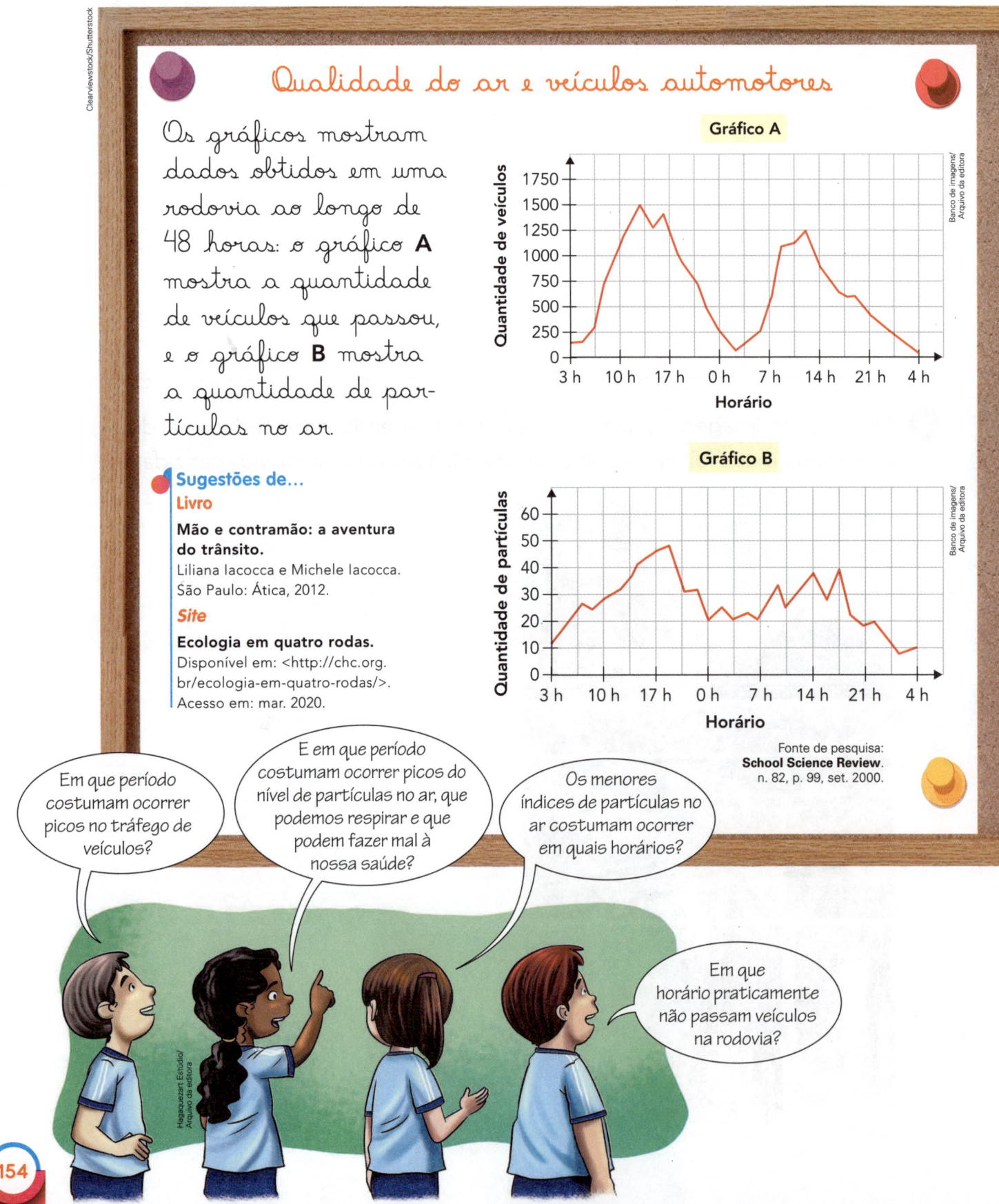

Qualidade do ar e veículos automotores

Os gráficos mostram dados obtidos em uma rodovia ao longo de 48 horas: o gráfico **A** mostra a quantidade de veículos que passou, e o gráfico **B** mostra a quantidade de partículas no ar.

Sugestões de...

Livro

Mão e contramão: a aventura do trânsito.
Liliana Iacocca e Michele Iacocca.
São Paulo: Ática, 2012.

Site

Ecologia em quatro rodas.
Disponível em: <http://chc.org.br/ecologia-em-quatro-rodas/>.
Acesso em: mar. 2020.

Gráfico A

Quantidade de veículos × Horário

Gráfico B

Quantidade de partículas × Horário

Fonte de pesquisa:
School Science Review.
n. 82, p. 99, set. 2000.

Em que período costumam ocorrer picos no tráfego de veículos?

E em que período costumam ocorrer picos do nível de partículas no ar, que podemos respirar e que podem fazer mal à nossa saúde?

Os menores índices de partículas no ar costumam ocorrer em quais horários?

Em que horário praticamente não passam veículos na rodovia?

4 Veja o esquema e o mapa apresentados no mural. O mapa mostra as temperaturas médias anuais registradas em diferentes regiões da cidade de São Paulo (SP).

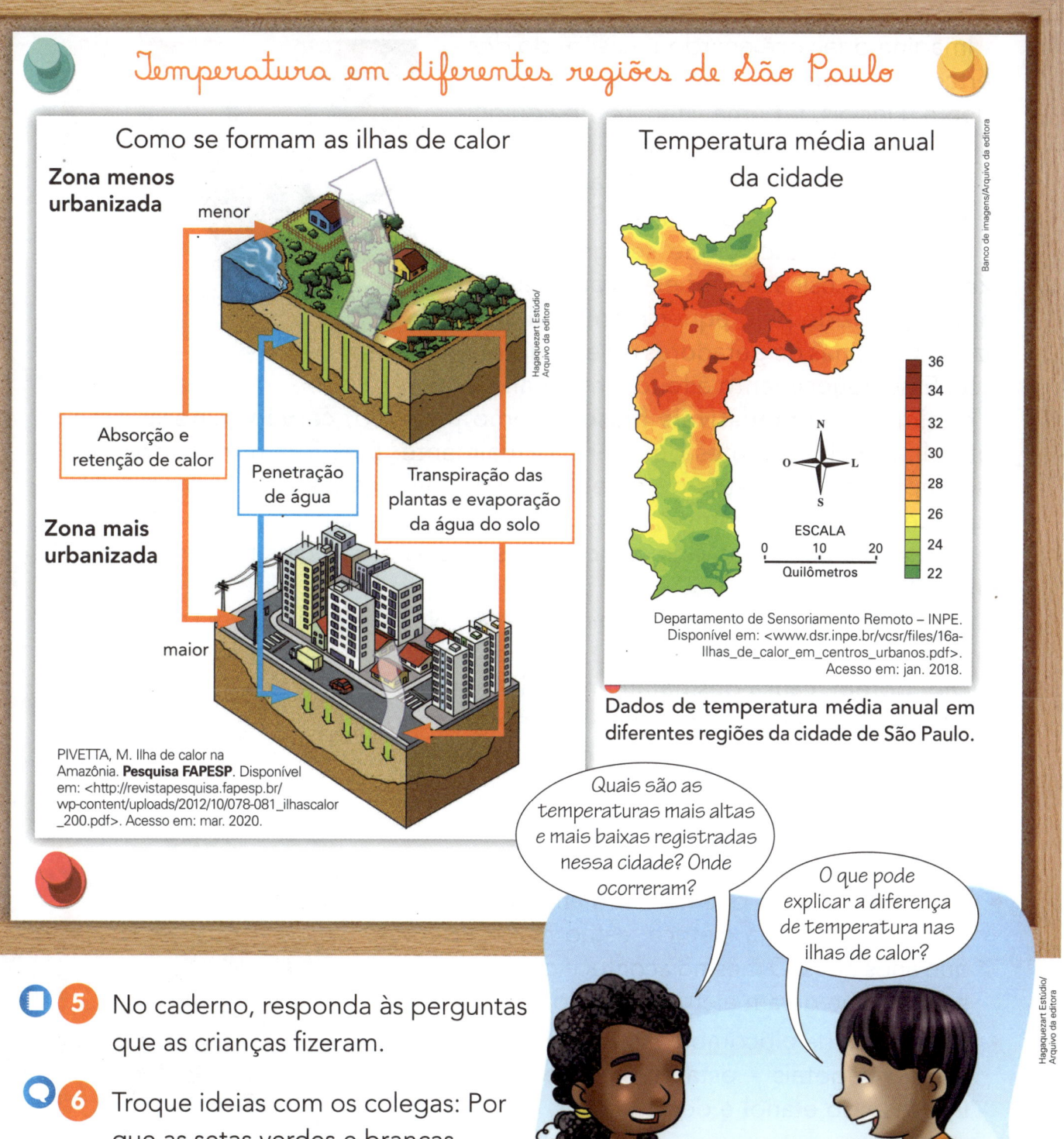

Temperatura em diferentes regiões de São Paulo

Como se formam as ilhas de calor

Zona menos urbanizada

menor

Absorção e retenção de calor

Penetração de água

Transpiração das plantas e evaporação da água do solo

Zona mais urbanizada

maior

PIVETTA, M. Ilha de calor na Amazônia. **Pesquisa FAPESP**. Disponível em: <http://revistapesquisa.fapesp.br/wp-content/uploads/2012/10/078-081_ilhascalor _200.pdf>. Acesso em: mar. 2020.

Temperatura média anual da cidade

36
34
32
30
28
26
24
22

ESCALA
0   10   20
Quilômetros

Departamento de Sensoriamento Remoto – INPE. Disponível em: <www.dsr.inpe.br/vcsr/files/16a-llhas_de_calor_em_centros_urbanos.pdf>. Acesso em: jan. 2018.

Dados de temperatura média anual em diferentes regiões da cidade de São Paulo.

Quais são as temperaturas mais altas e mais baixas registradas nessa cidade? Onde ocorreram?

O que pode explicar a diferença de temperatura nas ilhas de calor?

5 No caderno, responda às perguntas que as crianças fizeram.

6 Troque ideias com os colegas: Por que as setas verdes e brancas representadas no esquema têm tamanhos diferentes?

Fontes de energia "limpa"

Imagine que você acordou ao som do despertador, acendeu a luz e foi tomar um banho quente. Depois, fez uma vitamina no liquidificador e, mais tarde, comeu ovo frito.

Em todas essas situações foi usado um tipo de energia. Mas de onde ela vem?

A energia elétrica pode ser gerada, por exemplo, em usinas termoelétricas. Nelas, o vapor produzido pelo aquecimento da água faz girar turbinas de geradores de energia elétrica. Esse aquecimento é feito, em geral, pe-

O petróleo é um exemplo de combustíveis fósseis, considerados fonte de energia "não limpa".

la queima de **combustíveis fósseis** (como petróleo, **carvão mineral** e gás natural), principais fontes de energia atualmente. Eles foram formados pela decomposição de restos de seres vivos, há milhões de anos. Como levam muito tempo para se formar, são considerados um recurso não renovável.

Um problema no uso dos combustíveis fósseis é que eles poluem muito o ambiente.

Uma alternativa são as usinas hidrelétricas. Nelas, a água é armazenada em uma represa e, ao ser liberada, faz girar as turbinas de geradores. Sua construção, porém, causa desmatamento, alagamento de grandes áreas, etc.

Há outros exemplos de fontes de energia renováveis e "limpas": a luz solar, o vento e os vegetais. O avanço científico e tecnológico contribui para o aumento da eficiência na produção de energia vinda dessas fontes.

- Os painéis solares, que transformam energia da luz do Sol em energia elétrica, estão mais eficientes que anos atrás. O mesmo acontece com as turbinas **eólicas**, que geram eletricidade a partir do vento.

- A indústria de biocombustíveis – feitos de vegetais – está crescendo. É o caso do etanol e do biodiesel.

eólico: relacionado ao vento.

Ou seja, nós refletimos sobre os efeitos negativos de algumas mudanças possibilitadas pelos avanços científicos e tecnológicos, e com o próprio avanço desse conhecimento enfrentamos esses problemas!

Painel solar e turbinas eólicas.

1 Contribua com a **Enciclopédia digital das crianças** criando pequenos textos que expliquem o significado dos verbetes abaixo.

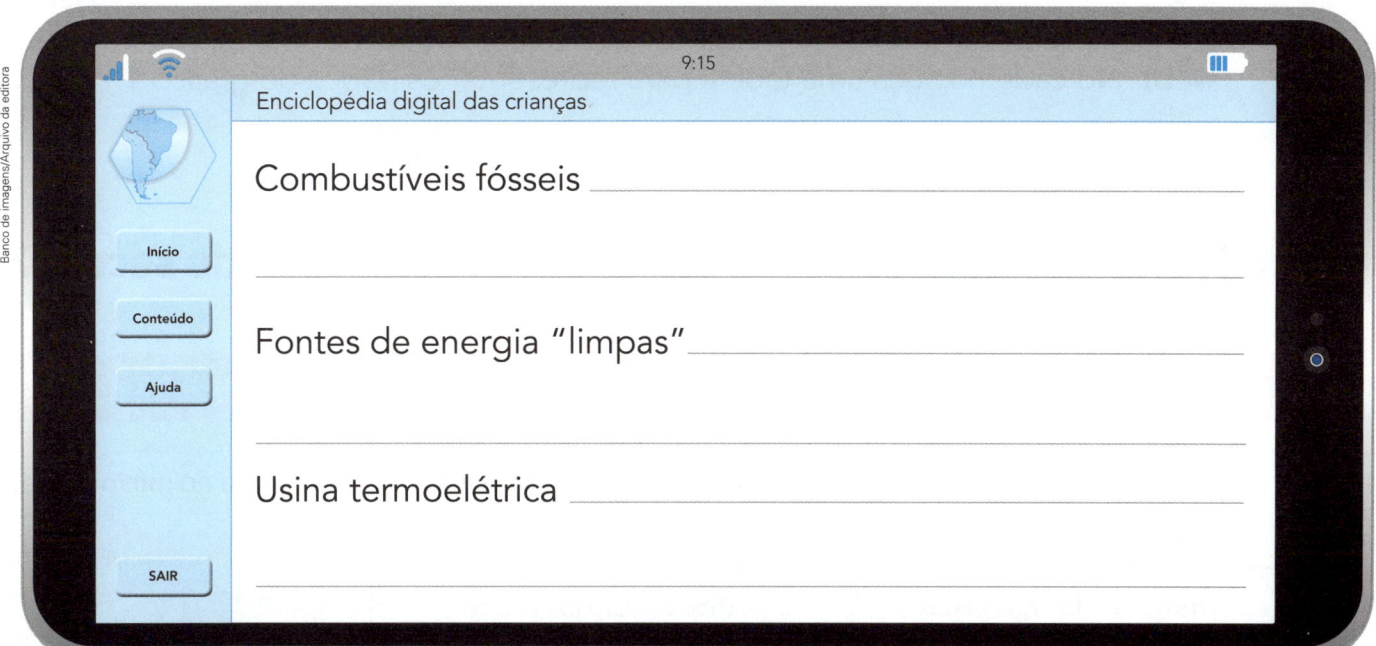

Enciclopédia digital das crianças

Início
Conteúdo
Ajuda

9:15

Combustíveis fósseis _____

_____

Fontes de energia "limpas" _____

_____

Usina termoelétrica _____

SAIR _____

2 Com base na leitura do texto da página anterior, complete os esquemas que começaram a ser feitos por alguns alunos.

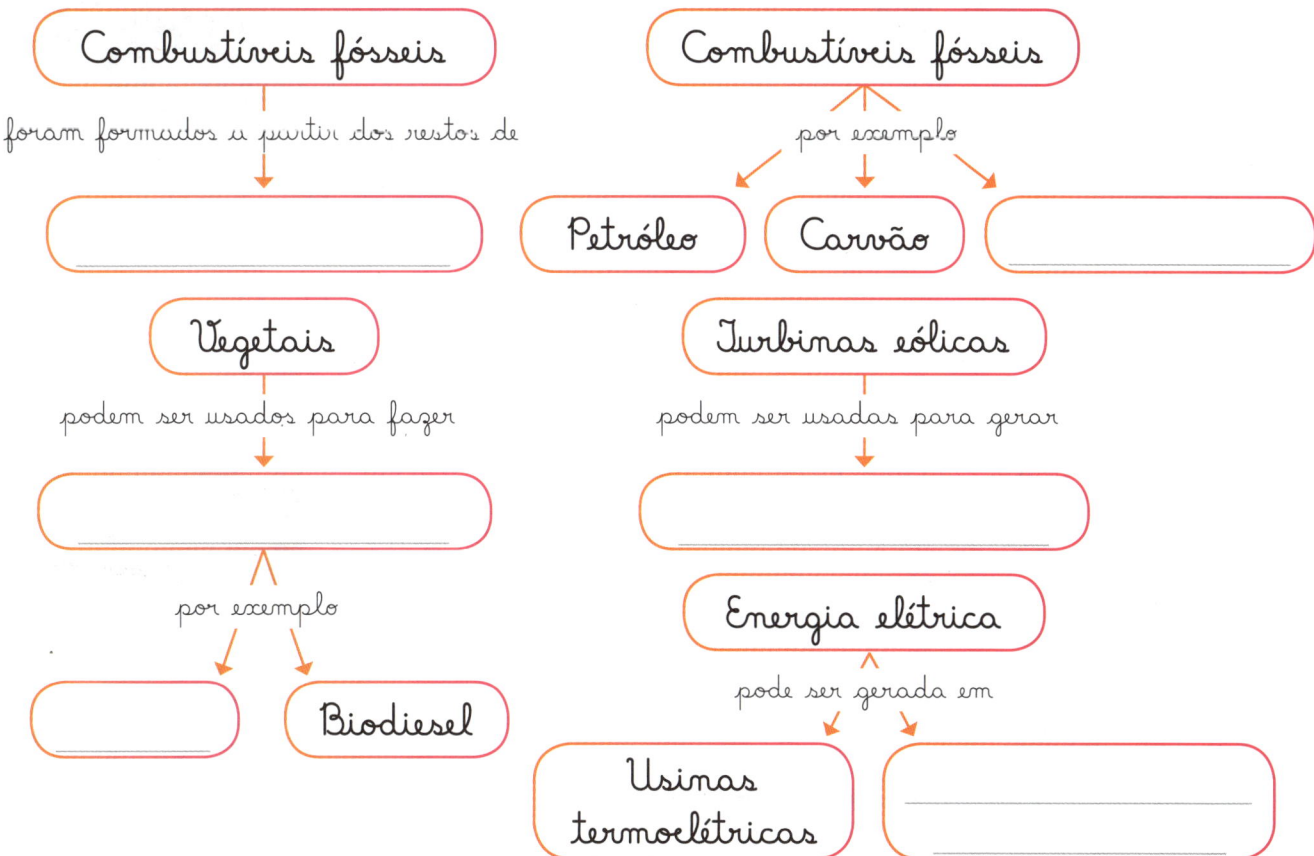

Combustíveis fósseis

foram formados a partir dos restos de

Vegetais

podem ser usados para fazer

por exemplo

Biodiesel

Combustíveis fósseis

por exemplo

Petróleo   Carvão

Turbinas eólicas

podem ser usadas para gerar

Energia elétrica

pode ser gerada em

Usinas termoelétricas

3 Veja nesta página e na seguinte um jornal do futuro, publicado no final do século XXI.

> Ajude a escrever essa página do futuro da humanidade!

a) Complete as lacunas do texto.

b) No caderno, faça uma tabela para representar os dados do gráfico **1**.

EDIÇÃO ESPECIAL | Reportagens sobre o final do século XXI

20 de novembro de 2095

PANORAMA DA POLUIÇÃO — De onde o mundo obteve a energia utilizada neste século

Compare os gráficos abaixo. Veja quais eram as principais fontes de energia no início deste século e quais são as principais fontes usadas atualmente.

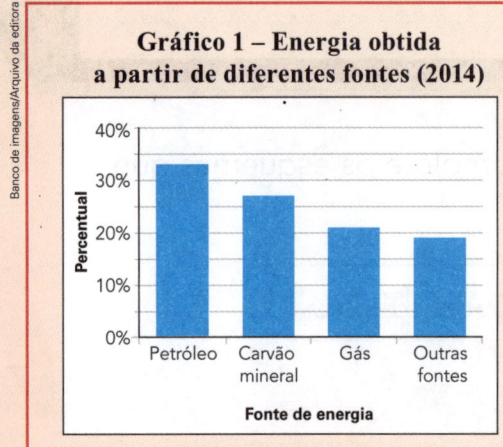

Gráfico 1 – Energia obtida a partir de diferentes fontes (2014)

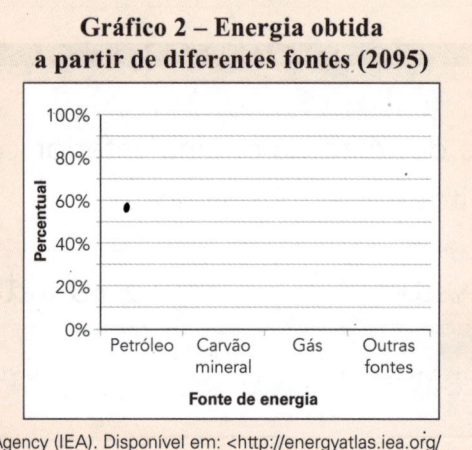

Gráfico 2 – Energia obtida a partir de diferentes fontes (2095)

Fonte do gráfico 1: International Energy Agency (IEA). Disponível em: <http://energyatlas.iea.org/#!/tellmap/1378539487>. Acesso em: mar. 2020. (Adaptado.)

Plataforma petrolífera, usada para a extração de petróleo, no litoral da Bahia.

A qualidade do ar era uma preocupação constante no início do século XXI. Hoje, os níveis de poluição são muito baixos: o ar é muito mais limpo.

Naquela época, sobretudo nos grandes centros urbanos, o ar era

_____ porque, entre outros fatores, a principal fonte

de energia eram os _____

_____

_____ .

Ao longo deste século, o ar melhorou muito, sobretudo porque _____

_____ .

Usina maremotriz, que transforma a energia do movimento das marés em energia elétrica, no Ceará.

c) Tente prever o futuro. Represente no gráfico **2**, na página anterior, dados que indiquem a porcentagem de quais serão as principais fontes de energia em 2095.

d) Complete as legendas dos gráficos **3** e **4**.

FONTES DE ENERGIA – A evolução do uso de fontes alternativas nas cidades

Esse é o "admirável mundo novo" que construímos no século XXI! Um mundo repleto de boas notícias.

Painéis solares, que captam a energia do Sol.

Aerogeradores, usados para produzir energia a partir do vento.

Os gráficos a seguir mostram a grande mudança que ocorreu no início do século, em relação ao uso – no mundo inteiro – de fontes alternativas para a produção de energia.

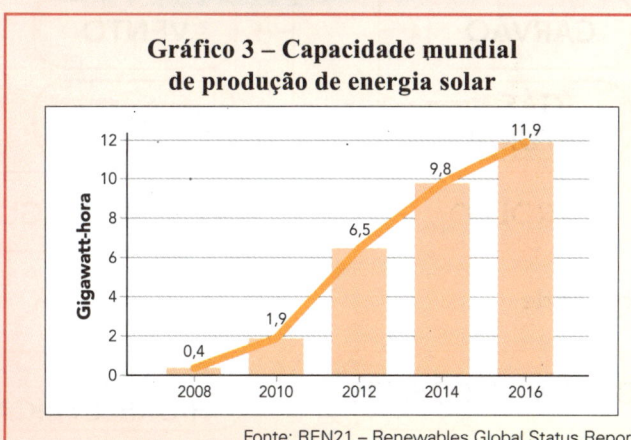

Gráfico 3 – Capacidade mundial de produção de energia solar

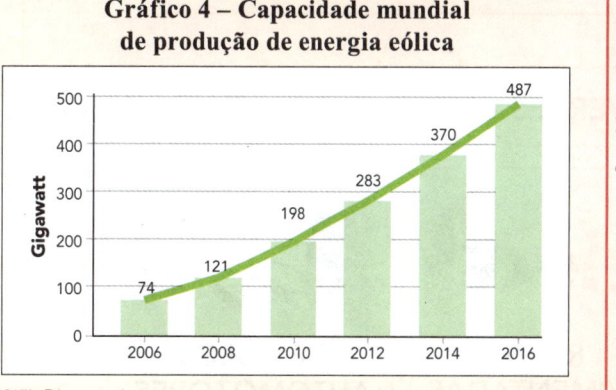

Gráfico 4 – Capacidade mundial de produção de energia eólica

Fonte: REN21 – Renewables Global Status Report (2017). Disponível em: <www.ren21.net/gsr-2017>. Acesso em: mar. 2020.

No gráfico 3, percebemos que

_____

_____

_____

_____

No gráfico 4, percebemos que

_____

_____

_____

_____

Vamos ver de novo?

Neste capítulo você aprendeu que:

- No século XX houve um grande aumento do número de veículos automotores nas ruas.

- A fumaça liberada pelos veículos automotores contribui para a poluição do ar.

- Petróleo, carvão e gás natural são combustíveis fósseis. Eles são considerados recursos não renováveis e fontes de energia "não limpa".

- A energia obtida de usinas hidrelétricas, da luz solar, do vento (eólica) e de combustíveis derivados de plantas (como o etanol) é considerada "limpa".

- Fontes de energia "limpa" são em geral renováveis e menos poluentes. Elas têm sido cada vez mais usadas.

- Ciência e tecnologia, em princípio, devem promover o bem-estar dos seres humanos e do ambiente como um todo.

1 A cruzadinha já está resolvida! Use as palavras abaixo para escrever no caderno um texto com o seguinte título: "A qualidade de vida nas grandes cidades".

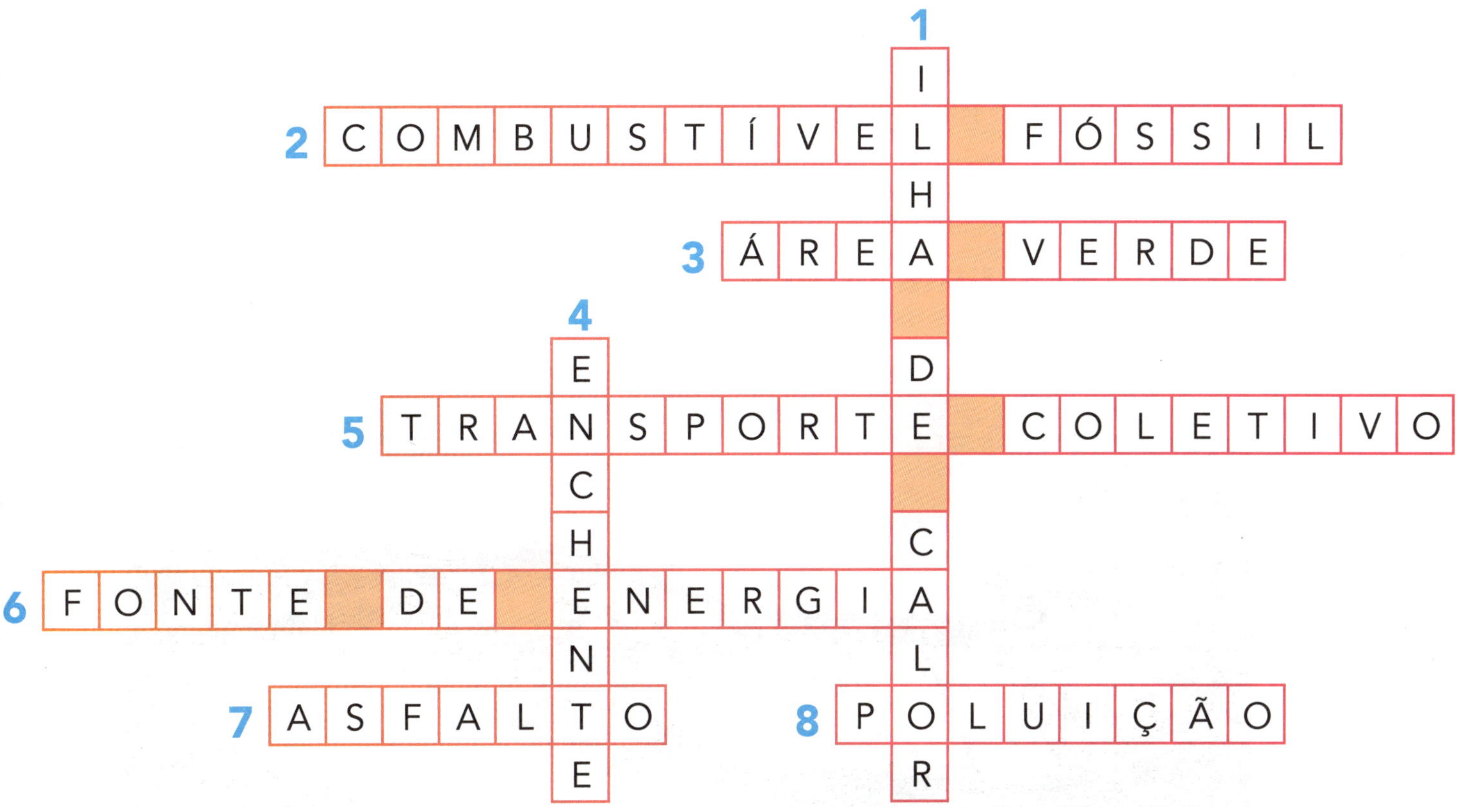

1 I L H A

2 C O M B U S T Í V E L F Ó S S I L

3 Á R E A V E R D E

4 E N C H E N T E

5 T R A N S P O R T E C O L E T I V O

D E D C A L O R

6 F O N T E D E E N E R G I A

7 A S F A L T O

8 P O L U I Ç Ã O

2 Escreva uma legenda para cada uma das imagens abaixo, comentando se essa fonte de energia pode ou não ser considerada "limpa".

iStock/Getty Images · iStock/Getty Images · Cesar Diniz/Pulsar Imagens

_____ _____ _____

_____ _____ _____

_____ _____ _____

3 Como serão as cidades e quais serão as principais fontes de energia no futuro? Explicite argumentos em favor de suas ideias e ilustre sua resposta no caderno.

Tecendo saberes

1. Leia o texto abaixo e conheça melhor Itaipu, uma grande usina hidrelétrica na fronteira entre o Brasil e o Paraguai.

Itaipu reassume liderança em produção de energia

Ernesto Reghran/Pulsar Imagens

Barragem da usina de Itaipu com as calhas abertas para escoar o excedente de água. Foz do Iguaçu (PR), 2015.

A usina hidrelétrica de Itaipu quebrou o recorde mundial de geração de energia elétrica ao ultrapassar os 98,8 milhões de megawatts-hora (MWh) produzidos pela usina Três Gargantas, na China, em 2014. Com o resultado, a empresa brasileiro-paraguaia reassumiu a liderança no setor.

A produção total de 2016 superou os 103 milhões de MWh. Em 2015, a usina binacional produziu 89,2 milhões de MWh, o que representou 2,5% a mais que a chinesa. Em 2014, Itaipu havia perdido a posição de líder mundial de produção anual de eletricidade em decorrência da crise hídrica enfrentada pelo Brasil por causa da seca que atingiu grande parte do país, pelo segundo ano consecutivo.

"Dificilmente, uma hidrelétrica vai quebrar essa marca. Nós mesmos vamos ter muita dificuldade de ultrapassar esse número, porque foi um ano em que tudo funcionou bem", disse o diretor-geral brasileiro de Itaipu, Jorge Samek, em uma cerimônia de comemoração na empresa.

Uma combinação de fatores contribuiu para o bom desempenho, segundo a empresa: a afluência regular do rio Paraná, a alta demanda de eletricidade no Brasil e no Paraguai, a otimização do uso dos recursos naturais e a elevada *performance* dos equipamentos.

"O regime [de chuvas] em 2016 foi muito favorável para o nosso reservatório de Itaipu, no rio Paraná", afirmou o diretor técnico executivo, Airton Dipp.

Itaipu responde por 18% de toda a energia elétrica consumida no Brasil e atende a 82% do consumo paraguaio de eletricidade.

CAMPOS, Ana Cristina. Itaipu reassume liderança em produção de energia. **Agência Brasil.** 17 dez. 2016. Disponível em: <http://agenciabrasil.ebc.com.br/economia/noticia/2016-12/itaipu-ultrapassa-tres-gargantas-e-reassume-lideranca-em-producao-de>. Acesso em: mar. 2020.

2 O nome Itaipu tem origem tupi-guarani. Junte os termos tupis-guaranis abaixo e descubra algumas palavras comuns no nosso dia a dia.
Quais palavras você conseguiu formar?

ITA	IBI
pedra	terra

PU	UNA
barulho	preto

Y	PORÃ
água do rio	bonito

_____   _____

_____   _____

_____   _____

3 Observe ao lado o mapa da região de Itaipu e complete os espaços de acordo com as legendas correspondentes.

1. Rio Paraná, onde se encontra a barragem de Itaipu.
2. Rio Iguaçu, que deságua no rio Paraná.
3. Paraguai, país a oeste na tríplice fronteira.
4. Argentina, país ao sul na tríplice fronteira.
5. Brasil, país a leste na tríplice fronteira.

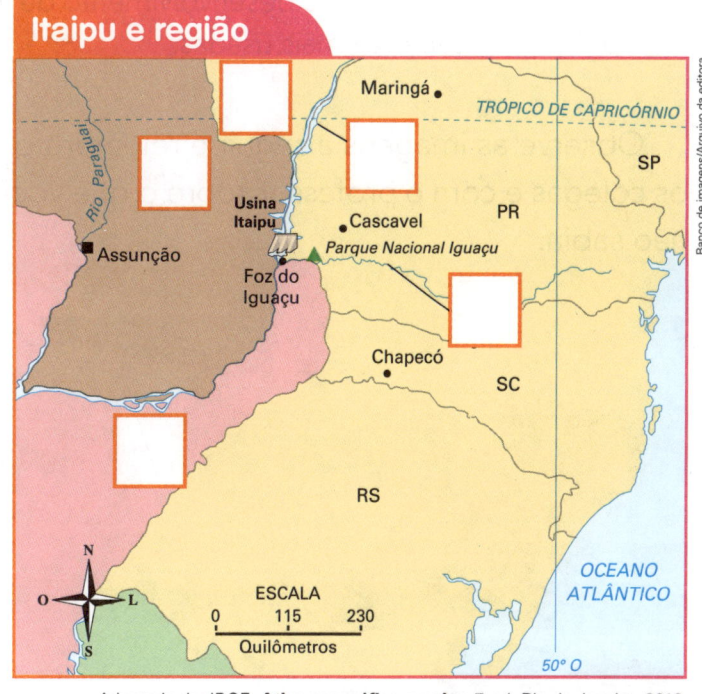

Itaipu e região

Maringá • · TRÓPICO DE CAPRICÓRNIO
Rio Paraguai · SP
Usina Itaipu · Cascavel · PR
Assunção · Parque Nacional Iguaçu
Foz do Iguaçu
Chapecó · SC
RS
OCEANO ATLÂNTICO
50° O

ESCALA
0 — 115 — 230
Quilômetros

Adaptado de: IBGE. **Atlas geográfico escolar**. 7. ed. Rio de Janeiro, 2016.

4 Com um colega, analise os dados da produção recente anual de Itaipu, considere as informações do texto da página anterior e esclareça as dúvidas dos alunos.

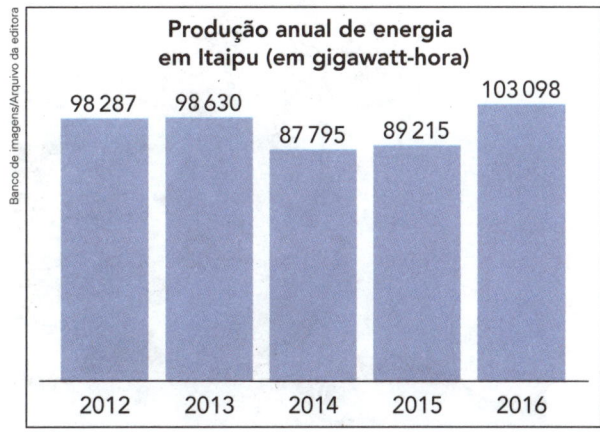

Produção anual de energia em Itaipu (em gigawatt-hora)

2012	2013	2014	2015	2016
98 287	98 630	87 795	89 215	103 098

Fonte: www.itaipu.gov.br (Acesso: mar. 2020).

Se Itaipu representa 18% da energia elétrica consumida no Brasil, qual deve ser o total?

Como explicar a baixa produção em 2014 e 2015?

Qual é o valor médio anual produzido por Itaipu?

O que estudamos

Nesta unidade:

- Aprendemos que nem todas as mudanças decorrentes do desenvolvimento do conhecimento científico e tecnológico melhoram nossa qualidade de vida.

- Também aprendemos que o próprio avanço do conhecimento científico e tecnológico tem possibilitado o desenvolvimento de fontes de energia consideradas menos poluentes, cada vez mais usadas.

Observe as imagens a seguir e relembre o que estudou. Depois, converse com os colegas e com o professor sobre o que você aprendeu nesta unidade que antes não sabia.

Você...

Registre suas ideias no caderno.

colors/Shutterstock

... explorou alguns materiais e suas propriedades.

Jair do Amaral/Arquivo do fotógrafo

... estudou mais a fundo a reciclagem do lixo e os materiais recicláveis.

... analisou problemas enfrentados nas grandes cidades e propostas de como solucioná-los.

... refletiu sobre o lado positivo e o lado negativo das invenções.

... conheceu diferentes fontes de energia e discutiu sobre quais, provavelmente, serão as mais usadas no futuro.

Para refletir e conversar

Folheie as páginas anteriores e reflita sobre valores, atitudes e o que você sentiu e aprendeu nesta unidade.

- Que valor você dá para invenções de novos materiais e de novas tecnologias que se associam para a produção de energia limpa? Você acha que, nos dias de hoje, poderíamos viver sem elas? Explique.

- Depois do que estudou, você passou a ficar mais atento ao lixo que produz no dia a dia e em como encaminhá-lo para a reciclagem?

- Você acha que pode contribuir para a diminuição da poluição do ar? Explique.

- Considerando tudo o que você estudou em Ciências durante este ano, que assuntos você ficou com vontade de investigar e explorar mais a fundo?

GLOSSÁRIO

As imagens não estão representadas em proporção.

A

Asteroide página 40

Corpo celeste que gira em torno do Sol. Seu tamanho pode variar de menos de 1 quilômetro a quase 1000 quilômetros de diâmetro.

Ida foi o segundo asteroide localizado por uma nave espacial. Ele foi observado pela sonda Galileu, em 1993.

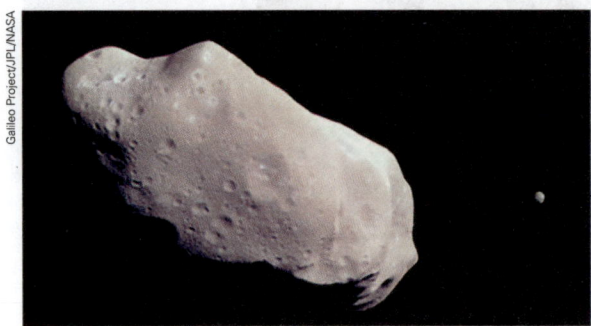

Na fotografia, o asteroide Ida, cujo maior diâmetro é de 55 km, e sua lua, à direita.

B

Biocombustível página 156

Combustível produzido a partir de matéria orgânica não fóssil.

O biocombustível é uma fonte de energia renovável e pode ser produzido a partir de diversos tipos de plantas ou até de lixo.

Biodiesel página 156

Tipo de biocombustível produzido a partir de fontes vegetais como a soja e a mamona.

O biodiesel já é usado em alguns veículos, e espera-se que no futuro seja cada vez mais utilizado.

C

Carvão mineral página 156

Combustível fóssil que pode ser extraído de jazidas (formadas há milhões de anos a partir da decomposição de restos de plantas) por meio da mineração.

O carvão mineral foi bastante utilizado no século XVIII em máquinas movidas a vapor.

Cavidade torácica página 66

Espaço do corpo situado entre as costelas e a coluna vertebral.

Na cavidade torácica estão alojados o coração e os pulmões.

Cometa página 40

Corpo celeste que orbita ao redor do Sol e é formado por partículas sólidas, gases congelados e poeira.

Ao se aproximar do Sol, a superfície do cometa começa a se vaporizar, produzindo uma longa cauda brilhante.

Na fotografia, o cometa Halley, que passa perto da Terra a cada 76 anos, aproximadamente.

Ecólogo (página 16)

Profissional que estuda as interações dos seres vivos entre si e com a parte não viva do ambiente.

Ecólogos podem avaliar como a construção de barragens e estradas, por exemplo, afeta as populações animais e vegetais de uma região.

Epífita (página 12)

Planta que pode se desenvolver sem se fixar diretamente no solo.

É comum encontrar epífitas sobre pedras, placas de xaxim e outros vegetais.

Attapol_R/Shutterstock

Orquídeas são exemplos de epífitas.

Galáxia (página 40)

Sistema estelar que contém bilhões de estrelas, poeira, gases e outros aglomerados estelares.

A Via Láctea, galáxia a que pertence o Sistema Solar, é uma entre mais de um bilhão de galáxias que se estima haver no Universo.

Herbácea (página 12)

Planta de tamanho limitado, caule macio ou maleável.

A vegetação herbácea é aquela que não cresce muito. Alguns exemplos são: arroz, morango e tomate.

Microscópio (página 74)

Instrumento que possibilita a observação daquilo que é bem pequeno, não visível a olho nu.

Os microscópios ópticos compostos são feitos com uma combinação de lentes. Utilizando-os, podemos ver, por exemplo, as células do sangue.

lentes

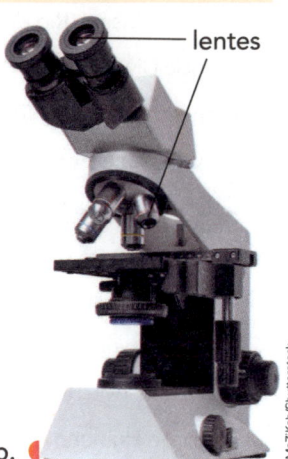

MaZiKab/Shutterstock

▸ As imagens não estão representadas em proporção.

Microscópio óptico.

Sítio arqueológico (página 15)

Local onde são encontradas evidências de seres humanos que viveram no passado.

Instrumentos de trabalho, pinturas, restos de casas e de alimentos são alguns dos vestígios que podem ser encontrados em sítios arqueológicos.

BIBLIOGRAFIA

ALIBERT-KOURAGUINE, D.; GORDE, M. **As grandes invenções: respostas a pequenas curiosidades**. São Paulo: Scipione, 1997.

AMABIS, J. M.; MARTHO, G. R. **Investigando o corpo humano**. São Paulo: Scipione, 2004.

BARRETO, E. S. S. (Org.). **Os currículos do Ensino Fundamental para as escolas brasileiras**. Campinas: Autores Associados, 1998.

BENLLOCH, M. **Por un aprendizaje constructivista de las Ciencias**. Madrid: Visor Distribuciones, 1984.

BRASIL. Ministério da Educação. **Base Nacional Comum Curricular (BNCC)**. Brasília, 2018.

_____. **Parâmetros Curriculares Nacionais: primeiro e segundo ciclos do Ensino Fundamental: Ciências Naturais**. Brasília, 1996.

_____. **Parâmetros Curriculares Nacionais: terceiro e quarto ciclos do Ensino Fundamental: Ciências Naturais**. Brasília, 1997.

CAMPOS, M. C. C.; NIGRO, R. G. **Didática de Ciências: o ensino-aprendizagem como investigação**. São Paulo: FTD, 2004.

CARVALHO, A. M. P. et al. **Ciências no Ensino Fundamental: o conhecimento físico**. São Paulo: Scipione, 1998.

_____; GIL-PÉRES, D. **Formação de professores de Ciências: tendências e inovações**. 10. ed. São Paulo: Cortez, 2011. v. 26. (Coleção Questões da Nossa Época).

CAVALCANTI, Z. (Coord.). **Trabalhando com História e Ciências na Pré-Escola**. Porto Alegre: Artmed, 1995.

COLEÇÃO As Origens do Saber da Natureza. São Paulo: Melhoramentos, 1994.

COLEÇÃO Atlas Visuais. São Paulo: Ática, 1999.

COLEÇÃO Aventura Visual. Rio de Janeiro: Globo, 1990.

COLEÇÃO Ciência Divertida. São Paulo: Melhoramentos, 1999.

COLEÇÃO Ciência e Natureza. Rio de Janeiro: Time Life-Abril Livros, 1995.

COLEÇÃO De Olho na Ciência. São Paulo: Ática, 2000.

COLEÇÃO Enciclopédia da Vida Selvagem Larousse. Barcelona: Altaya, 1997.

COLEÇÃO Guia Prático de Ciências. Rio de Janeiro: Globo, 1994.

COLEÇÃO Jovem Cientista. Rio de Janeiro: Globo, 1996.

COLEÇÃO Minha Primeira Enciclopédia. São Paulo: Ática, 2002.

COLEÇÃO Mundo Incrível. Rio de Janeiro: Globo, 1998.

COLEÇÃO O Corpo Humano. São Paulo: Scipione, 1997.

COLEÇÃO Projeto Ciência. São Paulo: Atual, 2016.

COLEÇÃO Reciclar. São Paulo: Scipione, 2001.

COLEÇÃO Tesouros da Terra: minerais e pedras preciosas. Rio de Janeiro: Globo, 1996.

COLEÇÃO Ver de Perto a Natureza. São Paulo: Ática, 1999.

COLL, C.; TEBEROSKY, A. **Aprendendo Ciências: conteúdos essenciais para o Ensino Fundamental de 1ª a 4ª série**. São Paulo: Ática, 2002.

LEPSCH, I. F. **Solos: formação e conservação**. 2. ed. São Paulo: Melhoramentos, 2010.

NOVAK, J. D.; GOWIN, D. B. **Aprendiendo a aprender**. Barcelona: Martínez Roca, 1988.

PARQUES Nacionais do Brasil. 2. ed. São Paulo: Empresa das Artes, 2003. (Guias Philips).

RONAN, C. A. **História ilustrada da Ciência**. Rio de Janeiro: Jorge Zahar, 1987.

VYGOTSKY, L. S. **Pensamento e linguagem**. São Paulo: Martins Fontes, 1987.

WEISSMANN, H. (Org.). **Didática de Ciências Naturais: contribuições e reflexões**. Porto Alegre: Artmed, 1998.